과학공화국
지구법정

1
지구과학의 기초

과학공화국 지구법정 1
지구과학의 기초

ⓒ 정완상, 2005

초판　1쇄 발행일 | 2005년 2월 4일
초판 26쇄 발행일 | 2022년 3월 31일

지은이 | 정완상
펴낸이 | 정은영
펴낸곳 | (주)자음과모음

출판등록 | 2001년 11월 28일 제2001-000259호
주소 | 10881 경기도 파주시 회동길 325-20
전화 | 편집부 (02)324-2347 경영지원부 (02)325-6047
팩스 | 편집부 (02)324-2348 경영지원부 (02)2648-1311
이메일 | jamoteen@jamobook.com

ISBN 978-89-544-0322-1(03420)

과학공화국
지구법정

정완상(국립 경상대학교 교수) 지음

1
지구과학의 기초

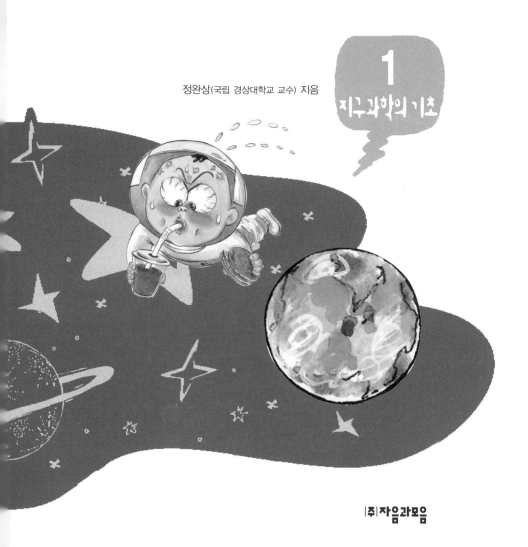

㈜자음과모음

생활 속에서 배우는
기상천외한 과학 수업

　지구과학과 법정, 이 두 가지는 전혀 어울리지 않은 소재들입니다. 그리고 여러분에게 제일 어렵게 느껴지는 말들이기도 하지요. 그럼에도 불구하고 이 책의 제목에는 분명 '지구법정'이라는 말이 들어 있습니다. 그렇다고 이 책의 내용이 아주 어려울 거라고 생각하지는 마세요.

　저는 법률과는 무관한 과학을 공부하는 사람입니다. 하지만 '법정'이라고 제목을 붙인 데에는 이유가 있습니다.

　이 책은 우리의 생활 속에서 일어나는 여러 가지 재미있는 사건을 다루고 있습니다. 그리고 과학적인 원리를 이용해 사건들을 차근차근 해결해 나간답니다. 그런데 크고 작은 사건들의 옳고 그름을 판단하기 위한 무대가 필요했습니다. 바로 그 무대로 법정이 생겨나게 되었답니다.

왜 하필 법정이냐고요? 요즘에는 〈솔로몬의 선택〉을 비롯하여 생활 속에서 일어나는 사건들을 법률을 통해 재미있게 풀어 보는 텔레비전 프로그램들이 많습니다. 그리고 그 프로그램들이 재미없다고 느껴지지도 않을 겁니다. 사건에 등장하는 인물들이 우스꽝스럽고, 사건을 해결하는 과정도 흥미진진하기 때문입니다. 〈솔로몬의 선택〉이 법률 상식을 쉽고 재미있게 얘기하듯이, 이 책은 여러분의 지구과학 공부를 쉽고 재미있게 해 줄 것입니다.

여러분은 이 책을 읽고 나서 자신의 달라진 모습에 놀랄 겁니다. 과학에 대한 두려움이 사라지고, 새로운 문제에 대해 과학적인 호기심을 보이게 될 테니까요. 물론 여러분의 과학 성적도 쑥쑥 올라가겠죠?

끝으로 과학공화국이라는 타이틀로 여러 권의 책을 쓸 수 있게 배려해 주신 (주)자음과모음의 강병철 사장님과 모든 식구들에게 감사를 드립니다.

진주에서

정완상

지구법정의 탄생

태양계의 세 번째 행성인 지구에 과학공화국이라고 부르는 나라가 있었다. 이 나라는 과학을 좋아하는 사람이 모여 살고 인근에는 음악을 사랑하는 사람들이 살고 있는 뮤지오 왕국과 미술을 사랑하는 사람들이 사는 아티오 왕국 또는 공업을 장려하는 공업공화국 등 여러 나라가 있었다.

과학공화국은 다른 나라 사람들에 비해 과학을 좋아했지만 과학의 범위가 넓어 어떤 사람은 물리나 수학을 좋아하는 반면 또 어떤 사람은 지구과학을 좋아하기도 하고 그랬다.

특히 다른 모든 과학 중에서 자신들이 살고 있는 행성인 지구의 신비를 벗기는 지구과학의 경우 과학공화국의 명성에 맞지 않게 국민들의 수

준이 그리 높은 편은 아니었다. 그리하여 지리공화국의 아이들과 과학공화국의 아이들이 지구에 관한 시험을 치르면 오히려 지리공화국 아이들의 점수가 더 높을 정도였다.

특히 최근 인터넷이 공화국 전체에 퍼지면서 게임에 중독된 과학공화국의 아이들의 과학 실력은 기준이하로 떨어졌다. 그러다 보니 자연과학 과외나 학원이 성행하게 되었고 그런 와중에 아이들에게 엉터리 과학을 가르치는 무자격 교사들도 우후죽순 나타나기 시작했다.

지구과학은 지구의 모든 곳에서 만나게 되는데 과학공화국 국민들의 지구과학에 대한 이해가 떨어지면서 곳곳에서 지구과학에 관한 문제로 분쟁이 끊이지 않았다. 그리하여 과학공화국의 박과학 대통령은 장관들과 이 문제를 논의하기 위해 회의를 열었다.

"최근의 지구과학 분쟁을 어떻게 처리하면 좋겠소?"

대통령이 힘없이 말을 꺼냈다.

"헌법에 지구과학 부분을 좀 추가하면 어떨까요?"

법무부 장관이 자신있게 말했다.

"좀 약하지 않을까?"

대통령이 못마땅한 듯이 대답했다.

"그럼 지구과학에 의해 판결을 내리는 새로운 법정을 만들면 어떨까요?"

지구부 장관이 말했다.

"바로 그거야. 과학공화국답게 그런 법정이 있어야지. 그래……. 지구법정을 만들면 되는 거야. 그리고 그 법정에서의 판례들을 신문에 게재하면 사람들이 더 이상 다투지 않고 자신의 잘못을 인정할 수 있을 거야."

대통령은 입을 환하게 벌리고 흡족해했다.

"그럼 국회에서 새로운 지구과학법을 만들어야 하지 않습니까?"

법무부 장관이 약간 불만족스러운 듯한 표정으로 말했다.

"지구과학은 우리가 사는 지구와 태양계의 주변 행성에서 일어나는 자연현상입니다. 따라서 누가 관찰하든 같은 현상에 대해서는 같은 해석이 나오는 것이 지구과학입니다. 그러므로 지구과학법정에서는 새로운 법을 만들 필요가 없습니다. 혹시 다른 은하에 대한 재판이라면 모를까…"

지구부 장관이 법무부 장관의 말을 반박했다.

"그래, 맞아."

대통령은 지구법정을 벌써 확정짓는 것 같았다. 이렇게 해서 과학공화국에는 지구과학에 의해 판결하는 지구법정이 만들어지게 되었다.

초대 지구법정의 판사는 지구과학에 대한 책을 많이 쓴 지구짱 박사가 맡게 되었다. 그리고 두 명의 변호사를 선발했는데 한 사람은 지구과학과를 졸업했지만 지구과학에 대해 그리 깊게 알지 못하는 지치라는 이름을 가진 40대였고 다른 한 변호사는 어릴 때부터 지구과학경시대회에서 항상 대상을 받았던 지구과학 천재인 어쓰였다.

이렇게 해서 과학공화국의 사람들 사이에서 벌어지는 지구과학과 관련된 많은 사건들이 지구법정의 판결을 통해 깨끗하게 마무리될 수 있었다.

| 차례 |

제1장

대기권에 관한 사건

대기의 고도와 비행_ 비행기가 흔들려요
고도가 너무 낮아 비행기가 심하게 흔들렸다면 비행기 회사의 책임일까요?

오존과 자외선_ 오존 좀 지켜줘요
오존층이 파괴되면 사람이 살 수 있을까요?

대류권의 기온_ 산 정상은 너무 추워요
높은 산의 꼭대기는 얼마나 추울까요?

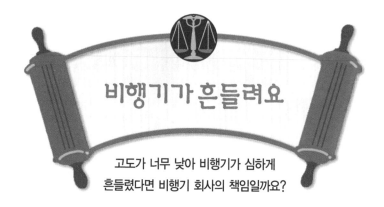

비행기가 흔들려요

고도가 너무 낮아 비행기가 심하게
흔들렸다면 비행기 회사의 책임일까요?

**사건
속으로**

사이언스 시티에 사는 이공상 씨는 공상과학 작가다. 그는
과학을 대중화시키기 위해 기상천외한 방식으로 책을 써서
독자들로부터 많은 사랑을 받고 있었다. 이미 두세 권의 베
스트셀러를 낸 바 있는 이공상 씨는 자신의 작품을 전 세계
사람들에게 알리기 위해 문학공화국에서 열리는 세계공상과
학도서축제에 참석하기로 하였다.

문학공화국은 과학공화국에서 비행기로 18시간을 가야하는
곳이지만 첫날 초청 강연을 하기로 되어 있어 이공상 씨는

기꺼이 장시간의 비행을 감수하기로 하였다.

이공상 씨는 수속을 마치고 SAL 항공의 비행기를 탔다. 장거리를 가는 비행기치고는 조금 작아 보였지만 이공상 씨는 이를 대수롭지 않게 여겼다. 이륙한 지 얼마 안 되어 비행기는 수평을 유지했다. 이공상 씨는 창을 통해 아래를 내려다보았다. 그런데 창 아래로 보이는 집들이 전에 비해 커 보였다. 비행기의 고도가 전에 탔을 때보다 낮은 탓이었다.

잠시 후 안전벨트를 다시 채우라는 방송이 들리더니 비행기가 좌우상하로 요동치기 시작했다. 창밖에는 굵은 빗줄기가 내리고 강한 바람이 비행기의 날개를 세차게 때리고 있었다. 비행기는 착륙할 때까지 술 취한 사람처럼 이리저리 흔들리면서 날아갔다.

이공상 씨는 멀미 때문에 문학공화국의 리터리처 공항에 내리자마자 앰뷸런스를 타고 병원으로 후송되었다. 병원에서 36시간 동안 의식을 잃은 이공상 씨는 이 사고로 세계공상과학도서축제의 개최 연설을 하지 못했고, 이로 인해 그의 연설을 들으러 온 많은 사람들에게 큰 실망을 안겨 주었다.

이공상 씨는 자신이 멀미를 한 이유가 장거리를 비행하는 여객기가 너무 낮은 고도로 날아가서 강한 바람이나 세찬 비와 같은 기상현상을 너무 자주 겪었기 때문이라며 SAL 항공을 지구법정에 고소했다.

기체가 심하게 흔들리는 이유는 비행기가 낮은 고도로 날기 때문입니다.
대기는 고도에 따라 그 특징이 다릅니다.

비행기가 너무 흔들려서 이공상 씨가 심한 멀미를 한 것 같군요. 조금 높은 곳에서 비행했다면 덜 흔들렸을까요? 지구법정에서 알아봅시다.

지구짱 판사

지치 변호사

어쓰 변호사

🧑‍⚖️ 피고 측 변론하세요.

👵 비행기는 하늘을 날아갑니다.

🧑 이의 있습니다. 피고 측 변호사는 지금 너무 당연한 얘기를 하고 있습니다.

🧑‍⚖️ 인정합니다. 피고 측 변호사는 과학 변호사다운 얘기를 하세요.

👵 알겠습니다. 하늘에는 공기가 있습니다. 비행기가 흔들리는 건 바로 비행기가 공기와 충돌하기 때문입니다. 이런 것을 공기저항이라고 하는데 비행기가 공기와의 충돌을 피할 수는 없으므로 이 사건은 천재지변이라고 생각합니다. 따라서 SAL 항공의 책임은 없다는 것이 본 변호사의 주장입니다.

🧑‍⚖️ 원고 측 변론하세요.

🧑 비행기는 물론 하늘을 날아갑니다. 그리고 공기와의 충돌 때문에 비행기가 흔들린다는 점도 인정합니다. 또한 위로 올라갈수록 공기가 희박하다는 건 잘 알려진 사실입니다. 이 점을 증언해 주실 대기과학연구소의 공대기 박사를 증인으로 요청합니다.

파이프 담배를 입에 문 노신사가 증인석에 앉았다.

🧑 위로 올라갈수록 공기가 희박해진다는 것이 사실인가요?

👵 물론입니다.

🧑 어떻게 확인할 수 있죠?

👵 에베레스트 산을 등반할 때는 산소통을 메고 등반합니다. 에베레스트 산이 너무 높아 공기가 부족하여 숨쉬기가 힘들기 때문이죠.

🧑 비행기가 높이 올라가면 공기가 줄어들어 덜 흔들리겠군요.

👵 그렇습니다. 지구를 둘러싼 공기층을 대기라고 하는데, 그 두께가 약 1000킬로미터나 됩니다.

🧑 그렇다면 1000킬로미터 높이로 비행해야 한다는 얘긴가요?

👵 그렇진 않습니다. 대기는 4층으로 되어 있습니다.

🧑 좀 더 자세히 말씀해 주시죠.

👵 지표로부터 10킬로미터까지는 대류권, 그 위로 50킬로미터까지는 성층권, 그 위로 80킬로미터까지는 중간권, 그 위를 열권이라고 부릅니다.

🧑 대류권은 어떤 특징이 있죠?

공기는 거의 대부분 대류권에 있습니다. 그래서 대류권에는 공기와 수증기가 많아 바람, 비, 눈과 같은 기상현상이 잘 일어나지요.

그럼 성층권은요?

성층권으로 올라가면 공기가 희박해져서 바람이 안 불고 수증기가 거의 없어 눈, 비가 내리거나 구름이 생기지 않습니다.

그럼 성층권에서 비행하면 되겠군요.

그렇습니다. 장거리 비행을 하는 국제선의 항로는 성층권이어야 하는 걸로 알고 있습니다.

존경하는 재판장님. 물론 가까운 지역을 이동하는 비행기까지 높이 비행할 필요는 없습니다. 하지만 18시간의 비행은 장거리 비행입니다. 그러므로 항공사는 장시간 동안 승객들이 불편하지 않도록 비행해야 할 의무가 있습니다. 그럼에도 불구하고 SAL 항공이 국제선치고는 너무 낮은 고도로 비행했기 때문에 이공상 씨는 심한 멀미로 고생한 것입니다. 그러므로 SAL 항공은 이공상 씨에 대한 전적인 책임을 져야 한다고 생각합니다.

최근 많은 항공사들이 우후죽순 생기고 있고, 그들 사이의 경쟁 때문에 비행기 요금이 많이 인하되면서 비행기 회사들마다 다른 곳에서 비용을 줄이려고 하고 있습니다. 비행기는 버스나 기차처럼 땅을 밟고 가는 것이 아니라 하늘을 날아갑니다. 그러므로 다른 운송수단에 비해 디딜 곳이 없어 많이 흔들릴 수 있습니다. 전문가들의 분석에 따르면 공기가 희박해지고 수증기가 거의 없어 기상현상이 일어나지 않는 성층권에서 비행하면 기체의 흔들림이 거의 없다고 합니다. 그러므로 국제선과 같이 장시간 동안 승객이 비행기 안에 있어야 하는 경우라면 조금 더 비용이 들더라도 더 높은 곳까지 올라가 성층권에서 비행을 하는 것이 당연하다고 생각합니다. 그러므로 SAL 항공은 이공상 씨의 육체적, 정신적 피해 보상을 해야 한다고 판결합니다.

재판이 끝난 후 이공상 씨는 SAL 항공으로부터 사과와 피해 보상비를 받았다. 그 후 SAL 항공의 모든 국제선은 성층권으로 비행했다. 또한 비행기 안에는 항상 이공상 씨의 공상 과학 도서가 비치되어 있었다.

오존 좀 지켜줘요

오존층이 파괴되면 사람이
살 수 있을까요?

**사건
속으로**

남극에서 가까운 산소공화국의 오쓰리 시티는 전 세계에서 자외선 수치가 가장 높았다. 자외선 수치는 하루 중 오전 11시에서 오후 3시 사이가 가장 강한데 오쓰리 시티는 새벽부터 자외선 수치가 높은 것이 문제였다.

오쓰리 시티에서는 매일매일의 자외선의 양을 측정할 수 있는 장치가 없었다. 그래서 시민들은 그 날이 특별히 자외선의 양이 많은 날인지 아닌지를 알 수 없었다.

태양에서 나오는 강한 자외선은 사람의 피부를 태우는 효과가 있기 때문에 시민들은 너무 오래 강한 자외선을 쪼이지 않도록 주의할 필요가 있었다.

같은 양의 자외선을 받아도 피부에 따라서 더 예민하게 반응하는 사람들이 있는데 시내에서 내레이터 모델을 하고 있는 민피부 양은 자외선에 조금만 쪼여도 피부에 기미나 점이 생기는 예민한 피부를 가지고 있었다.

특히 그녀가 하는 일이 거의 하루 종일 초미니스커트를 입고 거리에서 춤을 추는 일이기 때문에 그녀는 자외선 때문에 심한 고통을 받고 있었다.

내레이터 모델 생활을 한 지 6개월 후 그녀의 얼굴에는 자기도 모르는 사이에 검은 점들이 여기저기에 생기기 시작했다. 바쁜 일정 때문에 얼굴에 대해 신경을 못 쓰던 그녀는 어느 날 갑자기 자신의 얼굴에 검은 점들이 생겨난 것을 보고 소스라치게 놀랐다.

그녀는 그것이 자외선 때문이라는 것을 알았다. 그녀는 오쓰리 시티의 강한 자외선이 그녀의 얼굴에 헤아릴 수 없을 만큼 많은 점을 만들었다는 것을 알게 되었다.

민피부 양은 자신의 얼굴이 망가진 데는 오쓰리 시티가 매일매일 자외선 수치를 사람들에게 알려 주지 않은 데 있다며 자신의 성형수술비를 오쓰리 시티의 오이존 시장에게 청구했다.

강한 자외선은 사람의 피부를 상하게 합니다.
오존층이 이것을 막아 주지요.

자외선 경보란 무엇일까요? 자외선 경보가 있는 날은 어떻게 해야
할까요? 지구법정에서 알아봅시다.

지구짱 판사

지치 변호사

어쓰 변호사

 피고 측 변론하세요.

자외선은 태양 빛에 들어 있는 강한 에너지를 가진 눈
에 안 보이는 빛입니다. 피부는 사람마다 달라 자외선에 쉽
게 손상되는 사람도 있고 그렇지 않은 경우도 있습니다. 우
리는 최근 자외선으로부터 피부를 지킬 수 있는 선크림(자외
선 차단제)을 발명하여 시중에 시판하고 있습니다. 선크림 발
명자인 선그림 박사를 증인으로 요청합니다.

얼굴에 선크림을 너무 많이 발라 반짝 반짝 빛나는 얼굴을
한 40대 남자가 증인석에 앉았다.

 증인이 발명한 선크림에 대해 설명해 주세요.

자외선은 아주 에너지가 강한 빛이죠. 그래서 오랜 시
간 쬐면 피부에 기미나 주근깨가 생기거나 심하면 피부암
에 걸릴 수도 있지요. 이번에 저희 회사가 발명한 선크림을
얼굴에 잔뜩 바르면 자외선으로부터 피부를 보호할 수 있습
니다.

선크림을 바르면 자외선을 완전히 막을 수 있나요?

🕶 선크림에는 SPF 지수라는 것이 있습니다.

😎 그게 뭐죠?

🕶 Sun Protecting Factor의 앞 글자입니다. 보통 SPF 1이면 15분 동안 자외선을 막아 줄 수 있지요.

😎 원고에게 권장할 만한 SPF 지수는 몇이죠?

🕶 SPF 30입니다.

😎 그럼 7시간 이상 자외선을 막아 줄 수 있군요.

🕶 그렇습니다.

😎 증인이 얘기한 것처럼 이 사건은 민피부 양이 선크림를 사용했다면 오랜 시간 동안 자외선으로부터 피부를 지킬 수 있었던 만큼 피고인 오쓰리 시티의 책임은 없다는 것이 본 변호사의 의견입니다.

🦁 원고 측 변론하세요.

👨 자외선은 보랏빛보다 파장이 짧아 우리 눈에는 보이지 않지만 태양 빛 속에 들어 있습니다. 또한 자외선 차단제인 선크림을 이용하여 피부를 보호할 수 있다는 점은 인정합니다. 하지만 그것은 어디까지나 자외선의 양이 그리 많지 않을 때이고 최근의 오쓰리 시티의 경우처럼 자외선의 양이 많으면 선크림으로 완전히 막는 데 한계가 있습니다. 자외선 연구가인 양자외 씨를 증인으로 요청합니다.

양자외 씨가 증인석에 앉았다.

🙂 최근 오쓰리 시티의 자외선의 양은 어느 정도죠?

😮 위험한 수준입니다.

🙂 왜 그런 거죠?

😮 지구의 오존층이 점점 줄어들고 있어서 그렇습니다.

🙂 잘 이해가 안 되는데요.

😮 지구의 대기는 4층으로 되어 있습니다. 10킬로미터까
지를 대류권이라고 부르고 그 위에 성층권이라는 곳이 있는
데, 이곳에는 오존들이 모여 있는 오존층이 있습니다.

🙂 오존이 뭐죠?

😮 산소 두 개가 결합하면 산소분자(O_2)가 됩니다. 산소
세 개가 결합하면 푸르스름한 기체가 되는데 이 기체를 오존
(O_3)이라고 합니다.

🙂 오존이 자외선과 무슨 관계가 있죠?

😮 오존이 바로 태양에서 오는 자외선을 잘 잡아먹지요.

🙂 아하, 오존층에서 자외선이 흡수되니까 적은 양의 자
외선만 우리에게 내려오는군요.

😮 그렇습니다. 우리에게는 없어서는 안 될 고마운 기
체죠.

🙂 그런데 왜 오쓰리 시티는 유독 자외선의 양이 점점 늘

어나는 거죠?

지구의 오존층이 점점 줄어들고 있습니다. 그래서 지구의 남쪽 지역에는 오존이 별로 없는 구멍이 생겼는데 오쓰리 시티가 남반구의 아래쪽에 위치하고 있기 때문입니다.

왜 오존이 줄어드는 거죠?

바로 프레온 가스 때문이죠. 냉장고를 오래 사용하거나 스프레이를 많이 사용하면 프레온이라고 부르는 기체가 하늘로 올라갑니다. 이 기체는 바로 오존의 천적입니다.

무슨 말이죠?

오존층으로 올라간 프레온 가스가 오존을 없애 버린다는 얘기죠.

그래서 오존들이 줄어드니까 강한 자외선이 내려오는군요.

그렇습니다.

존경하는 재판장님. 산소공화국은 오존층에 구멍이 생긴 남극지방 근처에 있어서 다른 나라보다 강한 자외선이 내리쬐는 곳입니다. 그리고 여러 가지 이유로 그날그날의 자외선 수치는 달라집니다. 비록 선크림이 자외선으로부터 피부를 보호해 줄 수 있다고는 하나, 그것은 어디까지나 자외선의 양이나 세기가 그리 강하지 않을 때입니다. 그러므로 자외선 수치를 시민들에게 수시로 알려 주어 예민한 피부를 가진 사람들은 자외선 수치가 높은 날 외출을 자제하도록 하는 것이 오쓰리 시티와 산소공화국의 국민에 대한 의무라고 생각합니다. 따라서 그런 책임을 다하지 않은 오쓰리 시티의 시장은 민피부 양에게 그 손해를 배상할 책임이 있다고 생각합니다.

🦁 지구는 두터운 대기를 가지고 있어 온도가 잘 유지되고, 우주에서 오는 강한 방사선이 못 들어오게 하고, 특히 성층권에는 오존이 살고 있어 자외선으로부터 우리를 보호해 주는 아주 축복 받은 행성입니다. 하지만 이런 축복 받은 행성을 다음 세대에 물려주어야 하는 것은 이 시대 사람들의 의무입니다. 최근 문명이 발달함에 따라 에어컨, 냉장고, 스프레이의 사용이 늘어나고 있습니다. 이들은 모두 오존을 파괴하는 프레온 가스를 배출하고 있습니다. 현실적으로 우리가 다시 선풍기나 부채를 사용하기는 힘듭니다. 하지만 프레온 가스가 아닌 다른 이로운 기체를 이용하여 이런 제품을 만들 수 있도록 하기 위해서는 프레온 가스가 덜 배출되도록 전 세계 사람들이 노력해야 할 것입니다. 그러므로 다음과 같이 판결합니다. 피고 오쓰리 시티와 산소공화국은 민피부 양의 피부가 전과 같아질 수 있도록 물질적, 정신적 손해 배상을 하며 프레온 가스를 배출하는 장치를 만드는 회사에 지구파괴세금을 부과할 것을 선고합니다.

판결이 끝난 후 모든 냉장고, 에어컨, 스프레이 회사에는 비상이 걸렸다. 지구파괴세금이 너무 많아 제품의 가격이 현재보다 5배 이상으로 올라가게 되었기 때문이었다. 그리고 에어컨 대신 부채를, 냉장고 대신 아이스박스를, 스프레이 대신 참빗을 사용하는 가정이 늘어났다.

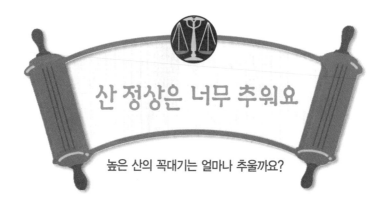

산 정상은 너무 추워요

높은 산의 꼭대기는 얼마나 추울까요?

**사건
속으로**

사이언스 시티에 사는 나근육 씨는 머리는 그리 좋지 않지만 훤칠한 외모와 오랜 운동으로 다져진 근육 때문에 여자들에게 인기가 많았다. 최근 그는 드디어 평생의 동반자를 찾았다. 그녀는 모든 일에 신중한 이꼼꼼 양이었다.

가족들과 친구들의 축하 속에 두 사람은 결혼식을 했다. 두 사람은 맘대로 여행사에 신혼여행을 의뢰했다. 여러 신혼부부들이 함께 외국의 몇 나라를 여행하는 패키지관광이었다. 두 사람이 도착한 나라는 히마리 산맥 기슭에 있는 포암국이었다. 히마리 산맥은 세계 최고봉인 에베스 산이 있어 많은 등산객들이 찾는 곳이었다. 에베스 산은 해발 4000미터로 높은 산이었지만, 산 정상까지 케이블카가 연결되어 있어 굳이 힘들게 등산하지 않고도 정상에 올라갈 수 있었다.

시내 관광을 하고 하룻밤을 보낸 나근육 씨와 이꼼꼼 양은 다음 날 아침 호텔 입구에서 에베스 산 입구까지 가는 버스를 기다렸다. 처음 여행사에서 얘기한 대로라면 호텔 입구에 현지 가이드가 나와야 하는데 아무도 보이지 않았다. 이상하게 여긴 나근육 씨는 여행사에 전화를 했다. 여행사에서는 사람이 너무 적어 가이드를 쓰지 못했으니 호텔에서 제공하는 버스를 타고 가라고 했다.

약간 기분은 나빴지만 호텔에서 버스를 제공한다는 말에 나근육 씨는 참을 수 있었다. 나근육 씨와 이꼼꼼 양은 버스를 타고 에베스 산 입구에 도착했다. 많은 관광객이 케이블카를 타기 위해 줄을 서 있었다.

드디어 나근육 씨 부부가 케이블카를 탈 차례가 되었다. 케이블카가 점점 위로 올라가면서 기온이 떨어지기 시작했다. 아내에게 근육을 자랑하려고 반바지에 민소매 옷을 입은 나근육 씨는 추위를 느끼기 시작했다. 하지만 평소 꼼꼼한 성격인 이꼼꼼 양은 가방 속에서 두툼한 오버코트를 꺼내 입어 춥지 않았다.

산의 고도가 높아질수록 기온은 내려갑니다.
매우 높은 산의 경우는 계절이 달라지기도 합니다.

에베스 산 정상은 한겨울 날씨보다 더 추웠다. 내려오는 케이블카를 다시 탈 때까지 산 정상에서 오들오들 떨던 나근육 씨는 신혼의 기분을 모두 망치고 독감에 걸렸다. 그리하여 그는 신혼여행을 포기하고 과학공화국으로 돌아와 병원에 입원했다.

나근육 씨는 이 사건이 여행사가 두툼한 옷을 준비하라는 애기를 해 주지 않아서 일어났으므로 맘대로 여행사를 지구법정에 고소했다.

여기는 지구법정

왜 위로 올라갈수록 온도가 낮아질까요? 대류권의 특징은 무엇일까요? 지구법정에서 알아봅시다.

지구짱 판사

지치 변호사

어쓰 변호사

🦱 피고 측 변론하세요.

👩 산으로 올라가면 서늘해진다는 것은 삼척동자도 다 아는 사실입니다. 최근 불경기로 인해 외국 관광객 수가 줄어들어 여행사들이 어려움에 처해 있습니다. 피고인 맘대로 여행사도 그런 상황입니다. 맘대로 여행사의 나맘대 사장을 증인으로 요청합니다.

볼 살이 많고 똥배가 나온 50대 남자가 증인석에 앉았다.

요즘 힘드시죠.

죽겠습니다. 웬 놈의 불경기가 이리도 오래 가는지.

관광객이 많이 줄었습니까?

말도 마세요. 경기가 좋았을 때는 신혼부부를 위한 해외 패키지의 경우 몇 달 전에 예약을 해야 할 정도였는데, 지금은 하루 전날 신청해도 갈 수 있을 정도로 사람이 없습니다.

이해합니다. 나근육 씨 부부의 해외 신혼여행 패키지는 당초 몇 쌍이 갈 예정이었나요?

20쌍을 모아야 버스도 대절하고 가이드도 붙일 수 있습니다.

그런데 몇 쌍이 가게 된 거죠?

나근육 씨 부부 한 쌍뿐이죠.

알겠습니다. 최근 불경기로 인해 해외 패키지 투어의 인원이 채워지지 않아서 가이드를 붙일 수 없는 것은 여행사로서는 어쩔 수 없는 일이었습니다. 그러므로 산 위가 춥다는 간단한 상식을 몰라서 추위로 고생한 나근육 씨 부부의 주장은 받아들이기 힘들다고 생각합니다.

원고 측 변론하세요.

고산기후연구가인 노피 박사를 증인으로 요청합니다.

키가 무척 큰 사내가 증인석에 앉았다.

🧑 증인이 하는 일을 간단히 설명해 주세요.

🧑 저는 높은 곳의 기온에 대한 연구를 하고 있습니다.

🧑 위로 올라갈수록 기온이 내려가는 것이 사실입니까?

🧑 그렇습니다. 100미터 올라갈 때마다 0.65도씩 낮아집니다.

🧑 그럼 에베스 산 정상은 얼마나 내려가나요?

증인 : 에베스 산이 4000미터이고 40×0.65이니까 26도 낮아집니다.

🧑 26도면 완전히 계절이 바뀌는 수준이군요.

🧑 그렇습니다.

🧑 당시 기온이 16도였으니까 여기서 26을 빼면 산 정상의 기온은 영하 10도. 엄청나게 춥겠군요. 그런데 왜 위로 올라가면 기온이 내려가는 거죠?

🧑 그건 제 연구 분야가 아닙니다. 저는 높은 데 올라가서 온도를 재는 일만 하죠.

🧑 이 부분을 알아보기 위해 대류권 연구소의 이대류 소장을 증인으로 요청합니다.

🧑 이의 있습니다. 원고 측은 이번 재판과 관계없는 증인을 채택하고 있습니다.

😀 교육적으로 좋은 내용 같아요. 피고 측의 주장을 기각합니다. 원고 측은 증인을 부르세요.

이대류 박사가 증인석에 앉았다.

😳 위로 올라갈수록 기온이 내려가는 이유를 설명해 주세요.

😎 난로에서 가까운 곳하고 먼 곳하고 어디가 덥죠?

😳 가까운 곳이죠.

😎 바로 그 원리예요.

😳 무슨 말이죠?

😎 태양열을 받은 지표는 뜨거워집니다. 그래서 뜨거운 지표 쪽의 공기는 온도가 높고 지표에서 먼 높은 곳의 공기는 차가운 거죠.

😳 간단하군요. 존경하는 재판장님. 위로 올라가면 서늘해진다는 것은 잘 알려진 사실입니다. 하지만 구체적으로 몇 도의 온도가 내려가는지를 누구나 알 수 있는 건 아닙니다. 나근육 씨도 산 위로 올라가면 서늘해질 거라는 걸 알았을 것입니다. 하지만 노피 박사의 말처럼 온도가 26도나 내려가리라고는 생각하지 않았을 것입니다. 단지 온도가 조금 내려가서 시원해지는 정도라고 생각했겠지요. 그러므로 여행사

는 관광패키지가 산 정상 투어를 포함하는 경우 온도가 어느 정도 되니 겨울옷을 준비하라는 얘기를 사전에 관광객에게 해 주어야 합니다. 그러므로 이 점을 관광객에게 알리지 않은 맘대로 여행사는 이번 사건에 책임이 있다고 생각합니다.

나근육 씨도 높은 곳으로 올라가면 온도가 내려간다는 사실을 알고 있었을 것입니다. 하지만 계절이 달라질 정도로 온도가 내려간다는 사실은 쉽게 알지 못했을 것입니다. 그러므로 너무 안이하게 생각한 나근육 씨나 자세하게 여행 안내를 해주지 않은 맘대로 여행사 모두에게 책임이 있다고 여겨 나근육 씨가 입은 피해의 60%를 맘대로 여행사에서 부담하는 것으로 판결합니다.

재판 후 나근육 씨는 병원비의 일부를 맘대로 여행사로부터 받았다. 그날 이후 나근육 씨에게는 여행을 떠날 때마다 4계절의 옷을 모두 준비하는 새로운 습관이 생기게 되었다.

두꺼운 공기 옷을 입은 지구

지구는 공기로 둘러싸인 행성입니다. 이 두터운 공기층을 대기라고 부릅니다. 지구의 반지름이 6370km이고 대기의 두께는 약 1000km 정도이니까 대기는 아주 두껍습니다.

이렇게 지구는 두꺼운 공기 옷을 입고 있어 체온이 따뜻하게 유지됩니다. 만일 달처럼 지구에 공기가 없다면 지구는 낮에는 사람이 타 죽을 정도로 뜨겁고 밤에는 얼어죽을 정도로 차가울 것입니다. 물론 그랬다면 사람이 살지도 않았겠지요.

대기가 있는 지역을 대기권이라고 부릅니다. 왜 산 위에서 숨을 잘 못 쉴까요? 그건 바로 공기가 별로 없어서입니다. 이렇게 위로 올라갈수록 공기의 양이 줄어들지요. 그러니까 아주 높은 산에 가면 숨을 쉬지 못할 정도로 공기가 희박해집니다. 즉 전체 대기의 99%는 지표로부터 32km 높이 사이에 있지요.

대기권은 성질이 다른 4개의 지역으로 이루어져 있습니다.

● 대류권 : 지표에서 지상 10km까지
● 성층권 : 지상 10km부터 지상 50km까지

● 중간권 : 지상 50km부터 지상 80km까지

● 열 권 : 지상 80km 이상

대류권에서는 위로 올라갈수록 온도가 내려갑니다. 그것은 뜨거운 난로에서 멀어지면 추워지는 것과 같은 이치입니다. 햇빛을 받으면 지표가 뜨거워져서 난로 역할을 하고 위로 올라가면 뜨거운 지표로부터 멀어지니까 추워지는 것입니다.

대류권에서는 위로 올라갈수록 기온이 내려갑니다.

대류권은 대류현상이 일어나기 때문에 붙여진 이름입니다. 공기가 돌고 도는 것을 대류현상이라고 합니다. 지표가 뜨거우니까 지표 근처의 공기가 뜨거워지고 위쪽의 공기는 아직 뜨거워지지 않은 상태입니다.

　지표 근처의 뜨거운 공기는 차가운 공기보다 가벼워 위로 올라갑니다. 위로 올라가면서 다른 차가운 공기들하고 자꾸 부딪치면서 에너지를 빼앗기므로 뜨거운 공기는 차가워져서 다시 지표로 내려옵니다. 지표로 내려온 공기는 다시 뜨거운 지표 때문에 뜨거워져서 위로 올라가는 식으로 공기가 위아래로 도는 것이 대류입니다.

　성층권에서는 위로 올라갈수록 온도가 올라갑니다. 성층권 속에는 오존이 모여 사는 오존층이 있고 오존은 태양에서 오는 자외선을 흡수하여 뜨거워집니다. 그래서 오존이 많은 성층권은 위로 올라갈수록 뜨거워집니다.

　성층권의 위로는 중간권이 있습니다. 중간권에서는 다시 위로 올라갈수록 기온이 내려갑니다. 그것은 성층권과 중간권의 경계면이 뜨거워서 그곳이 지표와 같은 역할을 하기 때문입니다. 그러므로 중간권의 공기들은 다시 대류를 하게 됩니다.

중간권 위로는 열권입니다. 이곳은 지표로부터 너무 멀어 공기가 거의 없습니다. 이곳에서는 오로라 현상이 일어납니다. 오로라는 태양에서 날아온 전기를 띤 입자가 열권의 희박한 공기와 충돌하여 빛을 내는 현상입니다.

오로라는 공기가 희박한 열권에서 전기와 공기가
충돌하여 빛을 내는 현상입니다.

지진과 화산에 관한 사건

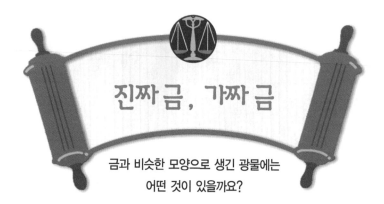

진짜 금, 가짜 금

금과 비슷한 모양으로 생긴 광물에는
어떤 것이 있을까요?

| 사건 속으로 | 골드 시티는 과학공화국에서 금 생산량이 가장 많은 곳이다. 그런데 최근 공화국 중 최대 금광인 에이유 광산을 비롯한 몇몇 광산이 폐광되면서 골드 시티의 금 생산량은 급격히 줄어들었다. 다른 도시에 금을 팔아 생활하던 골드 시티 시민들의 경제 사정도 점점 나빠지기 시작했다.

이런 위기상황에 대한 해결책을 찾기 위해 골드 시티의 금 생산업자들이 한자리에 모여 의논을 했다.

"어떡하면 좋겠습니까? 의견들을 좀 내주세요."

가장 나이 많은 김광석 씨가 제안했다.

"금값을 올리면 어떨까요?"

가장 나이가 어린 금광업자인 이만금 씨가 제안했다.

"하지만 그럴 경우 우리의 금을 사지 않고 인근 공업공화국의 금을 수입하려고 할 겁니다."

"그렇겠군요."

"제게 좋은 생각이 있습니다."

조용히 눈을 감고 있던 소천금 씨가 말했다. 사람들이 모두 그를 쳐다보았다. 사람들은 그가 새로운 희망을 제시하기를 바라는 눈빛들이었다.

"무슨 생각이요?"

사회를 맡은 김광석 씨가 물었다.

"우리 골드 시티에는 겉으로 보기에는 금과 너무나 똑같은 황철석이라는 광물이 많이 생산되고 있어요. 어차피 겉모습만 보고 금을 좋아하는 거니까 그걸 금과 섞어서 팔면 어떨까요?"

"하지만 걸리면……."

"걸릴 리가 있나요? 너무 똑같아서 우리 도시 사람들도 잘 구별을 못하는데요."

사람들은 한참을 망설이다가 다른 대안이 없어서 소천금 씨의 의견에 따르기로 결정했다. 그날 이후 골드 시티는 금에 황철석을 섞어 팔기 시작했다. 몇 달 동안 금을 사 간 사람들은 그 사실을 눈치채지 못했다.

그러던 어느 날 조혼 시티에서 금방을 운영하는 이조은 씨의 아들이 실수로 도자기 판에 골드 시티의 금을 문질렀다. 놀랍게도 판에 그어진 선의 색깔이 황금빛이 아니라 새까만 색이었다. 이조은 씨는 다른 것들도 모두 판에 긁어 보았다. 일부는 황금빛의 선이 되고 또 다른 일부는 새까만 선이 그려졌다. 이조은 씨는 골드 시티에서 사온 금에 문제가 있다며 골드 시티 금 판매업자 대표인 김광석 씨를 지구법정에 고소했다.

조흔판이라고 부르는 도자기 판에 광물을 그어보면
진짜 금인지 아닌지 금방 알 수 있습니다.

금과 비슷한 광물과 진짜 금을 어떻게 구별할까요? 지구법정에서 알아봅시다.

 피고 측 변론하세요.

광물 중에서 아름다운 색으로 빛나는 것을 우리는 보석이라고 합니다. 특히 금은 많은 사람들이 좋아하는 보석으로 보석의 왕이라고 할 수 있지요. 골드 시티에서 공급한 금은 모두 아름다운 광택을 가지고 있습니다. 이것을 어떤 판에 긁었을 때 검은 선이 나오느냐 금빛 선이냐에 따라 금이냐 아니냐를 판단하는 기준이 될 수 없다는 것이 본 변호사의 의견입니다. 그러므로 골드 시티는 이 사건에 대해 아무 책임이 없음을 주장합니다.

 원고 측 변론하세요.

겉으로 보기에 같은 모습이라고 그 속까지 완전히 같다고 얘기할 수는 없습니다. 양식으로 키운 버섯과 숲 속의 버섯은 같은 모양을 하고 있지만 값도 다르고 효능도 다릅니다.

 이의 있습니다. 원고 측 변호사는 지금 재판과 관계 없는 얘기를 하고 있습니다.

인정합니다. 원고 측 변호사, 여기는 생물법정이 아니라 지구법정이라는 것을 잊지 마세요.

😀 평생을 금 연구를 위해 바쳐 온 황금덩 박사를 증인으로 요청합니다.

황금빛 머리를 한 60대 남자가 증인석에 앉았다.

😀 증인은 진짜 금과 가짜 금을 구별할 수 있다고 하던데요.

😎 물론입니다.

😀 진짜 금과 가짜 금이 있습니까?

😎 금이 아닌데 금처럼 보이는 광물이 있습니다.

😀 그게 뭐죠?

증인은 두 개의 광물을 가지고 나왔다.

😎 두 개 중 하나는 금이고 하나는 금이 아닙니다. 변호사님 금을 골라 보세요.

어쓰 변호사는 망설였다. 둘 다 모두 똑같은 금으로 보였기 때문이었다. 그러다가 덜컥 하나를 집었다.

😎 지금 집은 건 금이 아니라 황철석이라는 광물입니다.

😯 어떻게 알죠?

😎 전문가인 저는 눈으로 보기만 해도 금방 알 수 있지만 일반 사람들은 잘 구별하지 못합니다.

😯 일반인이 구별할 수 있는 방법이 있습니까?

😎 간단한 방법이 있습니다. 조흔판이라고 부르는 도자기 판에 두 광물을 긁어 보는 겁니다. 그러면 하나는 검은 선이 그려지고 다른 하나는 금빛 선이 그려질 것입니다. 이렇게 겉보기에는 같아 보이는 두 광물을 조흔판에 긁어 두 광물이 같은지 다른지를 구별할 수 있습니다. 이때 검은 선이 그려진 광물은 황철석이고 금빛 선이 그려진 게 바로 황금입니다.

😯 그렇다면 골드 시티에서 황철석을 금으로 속여서 팔았다는 얘기 군요.

😎 그렇습니다.

😯 아무리 모습이 비슷하게 생겼다 하더라도 진짜 금과 가짜 금이 갖는 가치의 차이는 비교도 되지 않을 정도로 큽니다. 그러므로 김광석 씨의 행위는 진짜 금을 원하는 사람들에게 사기를 친 행위로 보여집니다. 그러므로 김광석 씨에게 광물사기죄가 성립된다고 주장합니다.

😯 여우가 양털을 뒤집어썼다고 양이 되는 건 아닙니다. 광물은 겉으로 보이는 것 말고도 다른 특징에 의해 구별될

수 있다는 것을 이 사건을 통해 알게 되었습니다. 그러므로 김광석 씨는 이조은 씨가 입은 피해를 모두 보상할 책임이 있다고 판결합니다.

재판 후 골드 시티 사람들은 가짜 금을 모두 회수하고 그 비용을 변상했다. 몇 년 후 골드 시티는 최대의 금광이 아니라 최대의 오락장으로 바뀌었다.

빠른 P, 강한 S

지진이 오는 것을 미리 알 수 있는
방법은 무엇일까요?

**사건
속으로**

퀘이크 시티는 지진이 자주 일어나기로 유명한 도시다. 그곳은 지층이 불안정하기 때문이다. 다행스럽게도 최근 3년 동안에는 지진의 강도가 그리 크지 않아 지진으로 인한 큰 피해는 없었다.

그래서 그런지 퀘이크 시티에는 지진을 체계적으로 관찰하는 지진관측소가 한 군데도 없었다. 대신 시내 한복판에 두루마리 종이가 감겨 있는 커다란 원통이 있고, 땅에 꽂아 놓은 막대의 한 끝에는 펜이 꽂혀 있는데, 그 펜이 종이에 닿아 있어 땅이 흔들리면 위아래로 종이에 선이 그려지는 장치가 있을 뿐이었다. 이 장치는 평상시에는 땅이 안 흔들리므로 펜이 안 움직여서 그냥 한 점을 나타내고 있었다. 사람들은 이 장치를 통해 땅이 흔들리는 정도를 알 수 있었고, 이 장치의 관리는 퀘이크 시청에서 맡고 있었다.

그러던 어느 일요일 오후 많은 사람들이 시내 한복판의 PS 광장에 모여 피크닉을 즐기고 있었다. 그때 잔디밭에 앉아 있던 사람들이 땅의 약한 진동을 느꼈다. 마침 가족과 함께 광장에 온 지진파 씨는 서둘러 광장 복판에 있는 원통장치로 뛰어갔다. 길이는 길지 않지만 펜이 위아래로 춤추며 작은 선을 그리고 있었다. 시내 곳곳에서 쥐들이 쏟아져 나와 어디론가 떼를 지어 움직이고 있었다.

지진파 씨는 시청의 담당자에게 전화를 했다. 그러나 담당자는 선의 길이가 그리 길지 않으니 걱정하지 말라며 지진파 씨를 안심시켰다. 하지만 지진파 씨는 불안해서 그 자리를 떠날 수가 없었다. 그런데 시간이 좀 더 흐르자 펜이 전보다는 훨씬 큰 폭으로 위아래로 출렁이며 긴 선을 그렸다.

사람들이 제대로 서 있지 못할 정도로 땅이 흔들리기 시작했던 것이다. 여기저기 나무와 집들이 무너졌다. 그는 서둘러서 가족이 있는 곳으로 갔지만 가족들은 무너진 기둥에 깔려 고통스러워하고 있었다. 그는 기둥을 들어내고 아내와 3살

지진파에는 P파와 S파가 있습니다. 두 지진파는
속도와 진동의 크기에서 큰 차이를 보입니다.

난 아들을 구해 급히 차에 타고 지진지역을 떠났다. 하지만 이 사고로 지진파 씨의 가족을 포함한 많은 사람들이 큰 부상을 당했다.

지진파 씨는 퀘이크 시청의 안이한 태도 때문에 사람들의 대피가 늦어졌다며 퀘이크 시청을 지구법정에 고소했다.

여기는 지구법정

지진파는 어떤 모습일까요? 지진을 예측하는 장치는 어떻게 만들까요? 지구법정에서 알아봅시다.

지구짱 판사

지치 변호사

어쓰 변호사

🌀 피고 측 변론하세요.

🌀 지진은 지구 속에서 어떤 충격이 생겨 그 충격이 지표로 올라와 땅을 흔드는 것입니다. 그러므로 땅을 약하게 흔들면 약한 지진이고 세게 흔들면 강한 지진이지요. 처음 지진파 씨가 퀘이크 시청에 알릴 당시의 지진은 약한 지진이었습니다. 그러므로 그때는 퀘이크 시청에서 주민 대피 명령을 할 필요가 없었을 것입니다. 뒤에 큰 지진이 왔지만 그것은 퀘이크 시청으로서는 예측할 수 없는 천재지변이므로 퀘이크 시청의 책임은 없다고 생각합니다.

🌀 원고 측 변론하세요.

지진전문가인 지진장 박사를 증인으로 요청합니다.

곱슬머리에 선글라스를 쓴 50대 남자가 증인석에 앉았다.

지진에 대해 알기 쉽게 설명해 주시겠습니까?

대륙과 바다는 몇 개의 판 위에 붙어 있습니다. 그리고 그 판들은 맨틀 위에서 움직입니다.

잘 이해가 안 가는군요.

증인은 스티로폼을 잘라 대야에 놓았다. 그러자 스티로폼 조각들이 이리저리 움직이기 시작했다.

물 위에 떠 있는 스티로폼 조각들이 움직이고 있습니다. 그러다가 서로 부딪칠 때도 있고 붙어 있던 것이 갈라질 때도 있죠. 마찬가지로 맨틀 위에 떠 있는 판들은 계속 움직입니다. 그러다 보면 두 판이 충돌할 때도 있고 붙어 있던 두 판이 갈라질 때도 있죠.

그럼 무슨 일이 벌어지나요?

판과 판이 만나거나 분리되는 곳에서 충격이 일어나 그 주위의 지각을 흔들어 진동시키고 이러한 진동이 지표까지 전달되는 것이 바로 지진입니다.

물에 돌멩이를 던지면 파문이 퍼져 나가듯이 말이죠?

그렇습니다. 지진 역시 파동입니다. 그래서 지진을 다른 말로 지진파라고 하지요.

그럼 돌멩이를 던진 지점은 판과 판이 만나거나 분리되는 곳이군요.

그렇죠. 그곳을 진원이라고 합니다. 그리고 진원에서 가장 가까운 지표의 지점을 진앙이라고 하는데 그곳이 지진에 의한 피해가 가장 크지요.

조금 이해가 됩니다. 그럼 이번 사건에 대해 어떻게 생각하십니까?

퀘이크 시티 시내에 있는 커다란 원통은 지진을 예고할 수 있는 장치입니다. 즉 땅이 흔들리면 펜의 위치가 위아래로 움직여져 원통에 출렁거리는 그림을 그리는 장치죠.

원통에 오르락내리락거리는 부분의 높이가 그리 높지 않으면 지진이 약한 것 아닌가요?

지진파에는 두 종류가 있습니다.

그게 뭐죠?

진원에서는 P파와 S파라는 두 지진파가 생깁니다.

둘의 차이는 무엇인가요?

P파는 땅을 약하게 흔드는 지진파이고, S파는 땅을 크게 흔드는 지진파입니다. 그런데 두 지진파의 속도가 다릅

니다.

어느 게 빠르죠?

P파가 빠릅니다.

그럼 P파가 땅을 약하게 진동시키면 그 뒤에 속도가 느린 S파가 와서 땅을 크게 흔들겠군요.

그렇습니다.

그렇다면 P파가 감지될 때 사람들을 대피시켜야 하는 게 아닌가요?

물론입니다.

지진파에는 P파와 S파가 있고, P파가 속도가 빨라서 먼저 땅에 도착합니다. 그리고 나서 속도가 느린 S파가 나중에 오죠. P파는 땅을 그리 심하게 흔들지 않지만 S파는 땅에 있는 건물을 쓰러뜨릴 정도로 강합니다. 퀘이크 시내 한복판에 있던 원통에 생긴 작은 출렁거림은 P파가 도착하여 만든 것입니다. 그러므로 곧이어 S파가 와서 큰 피해를 줄 것이라는 것을 퀘이크 시청에서는 시민들에게 알려 줄 의무가 있습니다. 하지만 퀘이크 시청은 그러한 노력을 하지 않았으므로 이번 사건에 대해 전적인 책임이 있다고 생각합니다.

지진에 의한 위기의 상황은 조금이라도 먼저 알수록 그 피해를 덜 입을 수 있습니다. 그러므로 퀘이크 시청은 안이한 태도로 시민들에게 대피할 수 있는 최소한의 시간도 주지 않은 만큼 이번 사건에 대해 퀘이크 시청은 지진으로 피해를 본 모든 사람들에게 보상할 의무가 있다고 판결합니다.

재판이 끝난 후 퀘이크 시에는 땅이 조금이라도 흔들려 원통에 오르내리는 현상이 생기면 사람들에게 비상벨을 울려 주는 장치가 새롭게 생기게 되었다.

용암이 덮친 마을

용암은 얼마나 빨리 흐를까요?

볼캐노 시에 있는 액트산은 현재도 활동 중인 활화산이다. 액트산 정상에 있는 분화구에서는 항상 뜨거운 연기가 뿜어져 나오고 있다. 물론 볼캐노 시에는 화산 연구소가 있어 액트산의 상태를 수시로 체크하고 화산 폭발시 시민들을 신속하게 대피시키기 위해 대규모의 구조대를 조직하였다.

그러던 어느 날 새벽 액트산이 폭발했다. 분화구로부터 용암이 흘러나와 산을 타고 내려와 도시를 향해 흘러갔다. 특별한 징후도 없이 터졌기 때문에 화산연구소도 예측하지 못했고, 결국 시민들을 너무 늦게 대피시키게 되었다.

피난하는 많은 차량들로 도로 곳곳이 막혀 시민들은 차를 버리고 차 사이로 분주히 도망쳤다.

용암은 볼캐노 시의 인구밀집지역인 화성암 거리로 향했다. 화성암 거리는 많은 사람들이 밀집된 주택가였다. 용암은 한쪽은 바다로 이어지고 반대쪽은 화성암 거리로 이어지는 삼거리를 향해 진입하고 있는데 바다 쪽으로 이어지는 길목에는 커다란 바위들이 수북히 쌓여 있어 용암은 화성암 거리로 흘러갔고 순식간에 화성암 거리는 용암에 뒤덮였다.

용암으로 인해 가장 큰 피해를 본 화성암 거리 주민들은 구조대가 용암이 바다로 흘러가게 하지 못해 화성암 거리의 피해가 더 커졌다며 볼캐노 시 구조대를 지구법정에 고소했다.

용암은 양이 방대해 쉽게 멈추게 할 수는 없으나
용암이 흐르는 속도는 일반적으로 사람이 뛰는 속도보다 느립니다.

용암은 무엇일까요? 그리고 흐르는 용암을 화성암 거리가 아닌 바다로 가게 하는 방법은 없을까요? 지구법정에서 알아봅시다.

지구짱 판사

지치 변호사

어쓰 변호사

 피고 측 변론하세요.

 화산이 폭발해서 마그마가 흘러가는 것이 용암입니다. 하나의 화산 폭발에서 흘러나오는 용암의 양은 방대하기 때문에 그 어느 것도 막을 수 없습니다. 그러므로 용암에 의한 피해는 천재지변으로 분류될 수밖에 없습니다. 그러므로 볼캐노 시 구조대는 이 사건에 대해 책임이 없다고 생각합니다.

피고 측 변호사는 좀 과학적으로 재판 준비를 해 오세요.

뻔한 건데 그럴 필요가 있나요?

저 친구는 어떻게 변호사가 됐지? 원고 측 변론하세요.

화산 용암 전문가인 마그마 박사를 증인으로 요청합니다.

사과를 손에 든 마그마 박사가 증인석에 앉았다.

화산, 용암, 마그마 이런 것들이 헷갈립니다. 좀 친절하게 설명해 주시겠습니까?

증인은 사과를 반으로 잘랐다.

🧑 지금 이 사과는 사과껍질과 사과 살, 그리고 사과씨로 이루어져 있습니다. 지구도 이렇게 바깥쪽의 지각과 맨틀, 그리고 핵으로 이루어져 있지요.

😀 마그마는 어디에 있지요?

🧑 뜨거운 마그마는 맨틀 속에서 흐르고 있죠. 그것이 지각의 약한 곳을 뚫고 튀어나오는 것이 화산입니다. 일단 마그마가 화산의 분화구를 통해 밖으로 나오면 더 이상 마그마라고 부르지 않고 용암이라고 부릅니다.

😀 이제 좀 이해가 가는군요.

🧑 용암은 상상할 수 없을 정도로 뜨겁습니다.

😀 얼마나 뜨겁죠?

🧑 800도에서 1200도 정도니까 철도 녹여 버릴 정도의 온도죠.

😀 살벌하군요. 그럼 이번 사건으로 들어가 보죠. 이번 사건에 대해 어떻게 생각하십니까?

🧑 결론부터 얘기하면 용암전문가로서 볼캐노 시의 대책이 잘못되었다고 봅니다.

😀 구체적으로 말씀해 주시겠습니까?

🧑 일반적으로 용암이 흐르는 속도는 사람이 뛰는 속도보

다 느립니다. 다만 뜨거운 용암의 양이 방대하여 쉽게 멈추게 할 수 없는 것이 문제죠.

그렇다면 볼캐노 시로서도 용암을 막을 수는 없었던 것 아닌가요?

볼캐노 시는 거대한 바다와 인접해 있는 도시입니다. 바닷물의 양은 용암의 양보다 훨씬 더 많지요. 그러니까 삼거리에서 용암이 바다 쪽으로 흐르도록 했어야 했습니다. 그러면 바다로 흘러 들어간 용암이 바닷물과 만나 식으면서 새로운 화산지형을 만들겠죠.

하지만 그쪽에는 커다란 바위들이 있어 용암이 바위가 없는 화성암 거리로 들어간 게 아닌가요?

그 바위를 다이너마이트를 써서 부쉈어야 합니다. 그리고 부숴진 잔해로 화성암 거리로 향하는 길목에 바리케이트를 만들었다면 용암이 바다로 흘러갔을 것이라고 생각합니다.

용암의 속도가 느리니까 그런 작업을 할 시간은 충분했겠군요. 존경하는 재판장님. 지금 증인이 얘기한 것처럼 용암이 바다로 흐르게 할 수 있는 방법이 있었습니다. 그럼에도 불구하고 그런 노력을 하지 않은 볼캐노 시 구조대는 이번 사건에 대해 책임이 있다고 생각합니다.

화산이 터졌을 때 볼캐노 시 구조대는 당황했겠지만

구조대는 다른 시의 자료를 연구해 일어날 수 있는 모든 상황에 대한 대책을 마련해 두었어야 합니다. 하지만 볼캐노 시 구조대가 그렇지 못했습니다. 그러므로 볼캐노 시 구조대에게 이번 사건에 대한 책임을 묻지 않을 수 없습니다.

재판 후 볼캐노 시 구조대의 대장은 책임을 지고 자리에서 물러났다. 그리고 화성암 거리의 복구를 위한 자원봉사자가 되어 열심히 노력했다. 그의 열성적인 복구에 화성암 거리 사람들은 그를 용서해 주었고, 그는 다시 구조대장으로 복직되었다.

물에 뜨는 돌

돌이 물에 뜰 수 있을까요?

김부석 씨는 최근에 변리사 시험을 치렀다. 변리사란 상품의 특허권 분쟁을 해결하는 직업으로 상품의 변호사라고 생각할 수 있다. 최근 많은 신제품이 쏟아져 나오면서 젊은이들 사이에 변리사는 인기 직업이 되었다.

김부석 씨도 학원을 다니며 1년 동안 변리사 시험을 준비했다. 시험은 물리, 지구, 화학, 생물에서 각각 10문제씩 총 40문제였다. 시험을 잘 쳤다고 생각한 김부석 씨는 합격자 발표도 나기 전에 친구들에게 합격 축하를 받을 정도로 시험

결과를 낙관했다.

그런데 합격자 발표 날. 아무리 눈을 뜨고 이름을 찾아봐도 합격자 명단에 김부석이라는 이름은 없었다. 김부석 씨는 인터넷으로 들어가 자신의 점수를 확인해 보았다. 한 문제 차이로 떨어진 것이었다.

김부석 씨는 혹시 오답이 있을지도 모른다며 변리사 협회의 모범답안과 자신의 정답을 꼼꼼하게 대조했다. 그러던 중 김부석 씨는 화학 마지막 문제에서 실수를 했다는 것을 알게 되었다.

다음 중 물에 뜨지 않는 것은?
(A) 돌 (B) 얼음 (C) 나무 (D) 기름

김부석 씨는 실수로 답을 얼음이라고 썼다. 하지만 정답은 돌이었다. 김부석 씨는 깊은 상실감에 빠졌다. 실력으로 떨어진 것이 아니라 실수로 떨어진 것이 억울해서였다.

김부석 씨는 다음 변리사 시험을 준비하기 위해 변리닷컴에서 운영하는 인터넷 강의를 신청했다. 그리고 지난번 시험에서 망친 지구과학강의를 들었다. 그때 동영상 강의에서 다음과 같은 설명이 들려 나왔다.

"화산에서 분출된 마그마 속에 들어 있는 공기가 미처 빠져

나가지 못한 채 굳어 버린 암석이 있는데 이런 암석은 마치 공기를 가득 채운 공처럼 물에 뜹니다."

김부석 씨는 환호성을 질렀다. 물에 뜨는 돌이 존재한다면 지난번 자신이 실수로 틀린 문제에는 답이 없으므로 모두 정답처리 될 것이라는 기대 때문이었다. 김부석 씨는 화학의 마지막 문제는 답이 없으므로 모두 정답처리 해야 한다며 변리사 시험 위원회를 지구법정에 고소했다.

물체가 물에 뜨느냐는 밀도에 의해 결정됩니다.
철로 만든 배나 돌도 물보다 밀도가 작으면 물에 뜹니다.

물에 뜨는 돌의 원리는 무엇일까요? 물체가 물에 뜨기 위한 조건은 무엇일까요? 지구법정에서 알아봅시다.

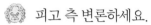 피고 측 변론하세요.

 화학연구소의 케미니 박사를 증인으로 요청합니다.

동그란 안경을 쓴 30대 남자가 증인석에 앉았다.

 물체가 물에 뜨느냐 안 뜨느냐 하는 것은 무엇으로 결정됩니까?

 물체의 밀도에 의해 결정됩니다.

구체적으로 말씀해 주시겠습니까?

물보다 밀도가 크면 가라앉고 물보다 밀도가 작으면 물에 뜨게됩니다. 나무, 얼음, 스티로폼, 기름과 같은 물체는 물보다 밀도가 작으니까 물에 뜨고 쇳덩어리나 돌멩이 같은 물체는 물보다 밀도가 크니까 가라앉죠.

존경하는 재판장님. 지금 증인이 얘기한 것처럼 물에 뜨기 위해서는 물보다 밀도가 작아야 합니다. 그러니까 같은 부피의 무게가 물보다 가벼워야 한다는 얘기죠. 하지만 돌멩이와 물을 같은 부피로 만들었을 때 돌의 무게가 물의 무게보다 무거울 것입니다. 그러니까 돌멩이의 밀도가 물보다 크므로 돌멩이가 물에 가라앉는 것을 정답처리한 변리사 시험 위원회의 결정은 정당하다고 생각합니다.

🧓 원고 측 변론하세요.

🧑 변리닷컴에서 지구과학을 가르치는 지구강 씨를 증인으로 요청합니다.

지구강 씨가 증인석에 앉았다.

🧑 증인은 지난번 동영상 강의에서 물에 뜨는 돌이 있다고 강의했는데 그런 적이 있습니까?

🧑 네. 지난 주 강의에서 얘기했습니다.

🧑 정말로 돌이 물에 뜰 수 있습니까?

🧑 제가 가지고 나왔습니다.

지구강 씨는 주머니에서 돌멩이를 꺼내 물속에 넣었다. 돌멩이는 마치 나무판자처럼 물 위에 둥둥 떠 있었다.

🧑 물에 뜨지 않습니까?

🧓 이의 있습니다. 원고 측 증인은 돌멩이처럼 생긴 나무를 가지고 신성한 지구 법정을 기만하고 있습니다.

🧓 허허. 나도 돌이 물에 뜬다는 얘긴 처음 들어 봐서. 원

고 측 증인 그거 돌 맞습니까?

돌이 분명합니다.

돌이 어떻게 물에 뜨지? 아무튼 재판을 계속 진행합시다. 설명이나 듣고 사기인지 아닌지를 결정합시다. 원고 측 계속하세요.

저도 놀라운데요. 어떻게 해서 물에 뜨는 거죠?

이 돌은 인도네시아의 화산지대에서 수입한 부석이라는 돌입니다. 화산이 폭발할 때 마그마가 분출됩니다. 이 마그마가 식어 굳어서 만들어진 암석을 화성암이라고 하지요. 그런데 이 마그마가 어디에서 굳느냐에 따라 암석의 모습이 달라집니다.

그게 무슨 말이죠?

마그마가 화산 속에서 굳어지면 결정이 커서 단단한 암석이 되는데, 예를 들면 화강암이 그런 경우죠.

화산 밖에서 굳어지면 어떻게 되죠?

그때는 뜨거운 마그마가 갑자기 차가운 공기를 만나 금방 식어버리니까 광물들의 결정이 크게 만들어지지 못하고 잘 부서지는 현무암 같은 암석이 되지요. 이때 마그마 속에 들어 있던 공기들이 밖으로 빠져나간 구멍들이 생깁니다.

아하, 그래서 제주도 돌하르방의 돌이 곰보투성이군요.

그렇습니다. 돌하르방은 현무암입니다.

😎 현무암이 물에 뜨는 돌인가요?

🙂 그렇지는 않습니다. 화산이 폭발하고 마그마가 너무 빨리 식어 굳으면 안에 있는 공기가 나가지 못하고 돌 속에 들어 있게 되는데 이것이 바로 부석이라고 부르는 돌입니다. 그러면 철로 만든 배에 공기를 채우면 물에 뜨듯이 이 돌도 속에 공기를 많이 포함하고 있어 전체적으로 물보다 밀도가 작아져 물에 뜨게 됩니다.

😎 구명조끼를 입으면 사람도 물에 뜹니다. 구명조끼 안의 공기가 전체적인 밀도를 작게 만들기 때문입니다. 지금 판사님이 보신 것처럼 화산 폭발 때 공기가 미처 빠져나가지 못하고 돌 속에 갇히면 그 돌은 물보다 밀도가 작아 물에 뜰 수 있습니다. 그러므로 이번 변리사 시험 문제의 정답은 없는 것으로 인정해야 할 것입니다.

🦁 시험문제는 물에 뜨지 않는 것을 찾는 것이었습니다. 그렇다면 어떤 종류의 경우에도 예외 없이 물에 뜨지 않는 물질이 답일 것입니다.

하지만 돌의 경우는 물에 뜨는 부석과 같은 돌도 있고 물에 가라앉는 돌도 있으므로 돌 전체가 물에 뜨지 않는다고 판단할 수 없어 이번 변리사 시험 화학 마지막 문제는 정답이 없는 것으로 판정합니다.

재판 후 김부석 씨는 변리사 시험에 합격했다. 시험이 정해진 명수를 뽑는 것이 아니라 일정 점수 이상인 사람을 뽑는 것이어서 이번 문제 때문에 불행해지는 사람은 없었다.

지진 그리고 화산

호수에 돌을 던지면 물이 출렁거리면서 파동이 생깁니다. 지진도 땅속의 어떤 곳이 흔들리면 그 진동이 옆으로 퍼져 나가는 파동입니다. 그래서 지진을 지진파라고도 부릅니다. 이때 지구 속에서 처음 흔들리기 시작한 곳을 진원이라고 부릅니다.

호수에 돌멩이를 세게 던지면 살살 던질 때보다 큰 파동이 만들어 지듯이 진원에서 큰 진동이 일어나면 지진이 가지고 있는 에너지가 커서 지진이 지표에 도달해 큰 피해를 주게 됩니다.

그래서 미국의 지진학자인 리히터는 다음과 같이 지진이 가진 에너지를 숫자로 나타냈는데 그것을 리히터 규모라고 부릅니다.

● 리히터 규모

0 ⋯ 가장 약한 지진

1 ⋯ 기계에서만 관측되는 지진

2 ⋯ 진앙에서만 약하게 느껴지는 지진

3 ⋯ 진앙 근처에서만 느껴지지만 거의 피해가 없는 지진

4 ⋯ 진앙으로부터 먼 곳에서도 느껴지는 지진

5 ⋯ 피해를 주기 시작하는 지진

6 ··· 파괴적인 지진

7 ··· 피해가 큰 지진

8 ··· 굉장히 피해가 큰 지진

리히터 규모는 각 숫자 사이의 규모를 소수 첫째 자리까지 나타냅니다. 그렇다면 리히터 규모 2인 지진은 리히터 규모 1인 지진의 두 배의 피해를 줄까요? 아닙니다. 리히터 규모의 숫자가 1만큼 올라갈 때마다 지진의 규모는 10배가 커집니다. 그러니까 리히터 규모 2인 지진은 리히터 규모 1인 지진의 10배, 규모 3인 지진은 규모 1인 지진의 100배가 됩니다.

화산의 정체

화산은 맨틀 속의 마그마가 지각의 약한 곳을 뚫고 튀어나오는 현상입니다.

마그마는 고체 상태의 물질이지만 너무 뜨거워서 암석들이 녹아 마치 액체처럼 보입니다. 마그마와 용암은 같은 것인데 화산 안에 있으면 마그마라고 부르고 분화구 밖으로 흘러나오면 용암이라고 부릅니다. 용암은 800도에서 1200도나 될 정도로 무지무지 뜨겁습니다.

하지만 대부분의 용암은 대개 시속 몇 킬로미터 정도로 느린 편이므로 사람들은 충분히 뛰어서 도망칠 수 있습니다. 하지만 어떤 경우는 자동차보다 빠르게 흐를 때도 있습니다. 예를 들어 1977년 콩고공화국의 니라공고 화산이 폭발했을 때 흐른 용암의 속도는 시속 100km였습니다. 한편 가장 길게 흐른 용암은 1783년 아이슬란드의 리키화산이 폭발했을 때 흐른 70km이며 가장 오랫동안 용암이 흐른 것은 하와이의 킬라우에아 화산으로 1972년 2월부터 1974년 7월까지 용암이 흘렀습니다.

화산폭발은 대륙에서만 생기는 것은 아닙니다. 바다 속에서 폭발하는 화산을 해저화산이라고 하는데, 해저화산 때문에 바다 속 땅의 모습도 계속 변하게 됩니다.

화산이 폭발하는 이유

화산은 왜 폭발할까요? 맨틀 속에서 돌고 있던 뜨거운 마그마가 지각의 약한 곳을 뚫고 나오는 게 화산입니다.

화산의 폭발을 캔 콜라가 분출되는 것에 비유해 봅시다. 캔 콜라의 뚜껑이 닫혀 있을 때는 그 안의 콜라가 튀어나오지 않습니다. 즉 지각이 단단한 곳으로 되어 있는 지형에는 화산이 안 생기지요.

마그마 속에는 기체들이 포함되어 있어 마그마가 자꾸 지각과 부딪치면 기체의 압력이 커집니다. 마치 콜라 캔을 자꾸 흔들면

마그마 속 기체의 압력이 커져 마그마와
함께 분출하는 것이 화산 폭발입니다.

캔 속에 들어 있는 기체들의 압력이 커지는 것과 같지요.

마그마 속에 포함된 기체의 압력이 점점 증가하다가 지각이 약해 압력을 견디지 못하면 마그마와 기체가 함께 분출하는데 이것이 바로 화산 폭발입니다. 기체는 압력이 높은 곳에서 낮은 곳으로 움직이기 때문이지요. 마치 콜라가 분출하는 것이 캔 속에 압력이 높은 곳에 있던 기체가 압력이 낮은 밖으로 튀어 나가면서 콜라가 따라 나가는 과정인 것과 같습니다.

화산 폭발에는 다음과 같이 두 가지 과정이 있습니다. 마그마의 점성이 크고 기체를 많이 포함하고 있는 화산은 순식간에 폭발합니다. 반면 마그마의 점성이 작고 기체가 빨리 빠져나가면 조용히 폭발합니다.

제3장

풍화와 관계된 사건

암석의 풍화_ 얼음, 산사태를 부르다
암석이 잘게 부서지는 원인은 무엇일까요?

해수에 의한 풍화_ 몽돌이 된 뾰족돌
밀물과 썰물이 뾰족돌을 몽돌로 만들었다면 누구의 책임일까요?

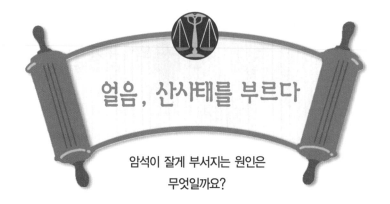

얼음, 산사태를 부르다

**암석이 잘게 부서지는 원인은
무엇일까요?**

**사건
속으로**

빈티나 씨는 가난한 작가였다. 그는 장편소설을 쓰기 위해 조용한 작업실을 찾았다. 하지만 그는 사이언스 시티에서 작업실을 구할 수 없었다. 사이언스 시티의 집값이 너무 비쌌기 때문이다. 그래서 그는 시 외곽의 허름한 집이라도 찾아보기로 했다. 부동산소개소에서 빈티나 씨에게 4내지 5미터 되는 절벽 옆에 있는 허름한 집을 보여 주었다.

썩 맘에 들지는 않았지만 빈티나 씨는 보증금이 별로 없어 그 집에서 살기로 결심했다. 주위에 길이 없고 인적이 드물어 빈티나 씨는 조용히 책을 쓸 수 있었다.

그러던 어느 날 빈티나 씨의 고막을 뒤흔드는 소리가 들려왔다. 그것은 절벽 위에 전봇대를 세울 구멍을 뚫는 굴삭기 모터 소리였다. 굴삭기는 절벽 끄트머리 근처에 구멍을 뚫었다. 잠시 후 현장소장이 인부들에게 전봇대의 위치가 틀렸다며 다른 곳으로 이동하라고 명령했다. 공사가 끝난 후 절벽 끄트머리에는 전봇대 지름 크기의 구멍만이 덩그러니 남았다. 빈티나 씨는 이 구멍을 그리 대수롭지 않게 여겼다.

가을이 막바지로 접어들어 마지막 비가 일주일 동안 쉬지 않고 내렸다. 이 비로 인해 전봇대 구멍에는 많은 양의 빗물이 고였다. 비가 그치자 초겨울의 강추위가 들이닥쳤다. 그로 인해 구멍 속의 물들이 얼기 시작했다. 그날 밤 빈티나 씨는 너무 추워서 군불을 피우고 일찍 잠들었다. 그날 새벽 절벽 끄트머리가 무너지는 산사태가 빈티나 씨의 집을 덮쳤다.

이 사고로 크게 다친 빈티나 씨는 이 사건이 전봇대 구멍을 메워 놓지 않아 일어났다며 사이언 전력을 지구법정에 고소했다.

암석이 부서지는 현상을 풍화라고 합니다.
암석은 생각보다 작은 원인에도 쉽게 부서지지요.

암석이 풍화되는 원인은 무엇일까요? 절벽이 무너진 것과 풍화와 어떤 관계가 있을까요? 지구법정에서 알아봅시다.

지구짱 판사

지치 변호사

어쓰 변호사

🧑‍⚖️ 피고 측 변론하세요.

👩 본 변호인이 현장 조사를 해 본 바에 의하면 전봇대를 설치하기 위해 뚫은 구멍의 크기가 그리 크지 않았습니다. 그러므로 그곳에 물이 차서 얼었다고 해도 거대한 흙더미가 무너져 내릴 것으로는 생각되지 않습니다. 이번 사건은 빈티나 씨의 집이 절벽 근처에 있고 바람에 의해 절벽 위쪽의 흙더미가 떨어진 단순한 산사태 사건으로 볼 수 있습니다. 따라서 사이언 전력은 이번 사고에 아무런 책임이 없다고 생각합니다.

🧑‍⚖️ 원고 측 변론하세요.

🧑 풍화연구소의 김풍화 박사를 증인으로 요청합니다.

희끗희끗한 머리의 김풍화 박사가 증인석에 앉았다.

🧑 본인이 하는 일을 소개해 주시겠습니까?

👴 저는 암석의 풍화에 대해 연구하고 있습니다.

🧑 풍화가 뭐죠?

👴 암석이 잘게 부서지는 현상입니다.

왜 그런 일이 일어나죠?

여러 가지 원인이 있을 수 있죠.

예를 들면 어떤 거죠?

가령 나무가 커지면 뿌리도 커지겠죠?

물론이죠.

뿌리가 자라면서 잔뿌리들이 생기면 토양을 잘게 부술 수 있습니다.

하지만 나무 뿌리의 힘으로 거대한 바위가 갈라질 수 있나요?

거대한 바위가 잘게 쪼개지는 풍화는 주로 다른 원인에 의해 일어납니다.

어떤 원인이죠?

주로 물에 의한 풍화입니다.

구체적으로 설명해 주시겠습니까?

암석은 여러 광물로 이루어져 있습니다. 그런데 이산화탄소가 녹아 있는 물이 암석 속으로 흘러 들어가면 광물질을 녹여 암석을 부서지게 합니다.

이산화탄소가 녹아 있는 물이라면 콜라나 사이다와 같은 탄산음료인가요?

그런 셈이죠.

아하, 그래서 콜라를 많이 먹으면 이빨이 안 좋아진다

는 것이군요.

이의 있습니다. 지금 원고 측 변호사는 이번 사건과 관계없는 질문만 하고 있습니다.

인정합니다. 원고 측 변호사는 본론만 얘기하세요.

저는 풍화가 무엇인가를 사람들에게 알려주고 이번 사고가 풍화와 관계 있다는 점을 얘기하고 싶어서 이런 질문을 한 것뿐입니다. 하지만 피고 측의 이의를 받아들이겠습니다. 그럼 증인에게 다시 묻겠습니다. 이번 사건처럼 절벽 위의 바위가 떨어지는 것도 풍화와 관계 있습니까?

관계 있다고 볼 수 있습니다. 저희 풍화연구소에서 조사한 바로는 현장에 파 놓은 전봇대 구멍이 아주 깊었습니다. 비록 구멍의 크기는 작아도 구멍이 깊기 때문에 많은 양의 빗물이 고일 수 있고 겨울에 그 물이 얼어 버리면 바위를 균열시켜 떨어지게 할 수 있다고 생각합니다.

왜 바위가 균열되는 거죠?

물은 온도가 내려가 얼음이 되면 부피가 팽창합니다. 그러니까 그 힘 때문에 바위에 균열이 생기고 그것이 계속 진행되면 바위가 분리되어 한쪽이 절벽 아래로 떨어질 수 있지요.

콜라를 냉동실에 오래 넣어 두면 터지는 것과 같은 원리군요.

바로 그 힘입니다.

이번 빈티나 씨 집의 붕괴는 절벽의 암석이 갈라져서 밑으로 떨어졌기 때문입니다. 그것은 사이언 전력이 전봇대 구멍을 막지 않아 물이 고였고, 물이 얼면서 팽창되어 암석이 갈라졌다는 것이 명백하므로 이번 사고의 책임은 전적으로 사이언 전력에 있다고 주장합니다.

원고 측의 주장대로 이번 사고는 물이 얼면서 암석을 잘게 쪼개는 풍화작용에 의한 것으로 보여집니다. 자연적인 풍화는 오랜 세월이 걸리지만 이렇게 인공적으로 암석에 구멍을 만들면 암석의 풍화가 빠르게 진행된다는 것을 이 사건을 통해 알 수 있었습니다. 그러므로 사이언 전력이 빈티나 씨가 입은 물질적, 정신적 피해를 모두 보상하는 것으로 판결합니다.

재판 후 빈티나 씨가 살던 집은 새롭게 지어졌다. 그리고 이제는 바위가 떨어져도 무너지지 않을 정도로 튼튼한 건물로 다시 태어났다. 물론 모든 공사비는 사이언 전력이 부담했고 빈티나 씨는 일 년 동안 전기료를 내지 않고 전기를 사용할 수 있게 되었다.

몽돌이 된 뾰족돌

밀물과 썰물이 뾰족돌을 몽돌로
만들었다면 누구의 책임일까요?

**사건
속으로**

고첨석 씨는 뾰족돌 수집가다. 그는 전국을 돌면서 날카로운
칼처럼 생겨서 잘못하면 손을 벨 수 있을 정도로 뾰족한 돌
을 수집한다. 그는 여행할 때마다 수많은 뾰족돌을 구해왔는
데, 사람들에게 자신이 수집한 갖가지 모양의 뾰족돌을 보여
주고 싶어 했다.

그래서 그는 뾰족돌을 영원히 전시할 수 있는 공간을 알아보
았다. 마침 인터넷에는 수석 전시회장을 대여하는 곳을 소개
하는 곳이 있었다. 그는 여러 조건을 비교해 보고 웨이브 해

안 수석 전시회장이라는 곳으로 전시회장을 결정했다. 그 곳은 바닷가의 파도와 함께 수석을 구경할 수 있는 곳이었다. 그는 그 땅을 임대하여 바다와 접한 모래사장에 자신이 그동안 수집한 뾰족돌들을 전시했다.

다양한 모양의 뾰족돌 때문에 웨이브 해안은 관광객들로 붐볐다. 고첨석 씨는 뾰족돌 전시가 성공을 거두었다고 생각했다. 밤이 되면 파도가 몰아쳐서 여러 크기의 뾰족돌을 물속에 잠기게 하면서 조금 키가 큰 뾰족돌만이 섬처럼 수면 위로 떠올랐다.

이렇게 일 년을 전시하고 고첨석 씨는 마지막 뾰족돌 전시회를 오픈했다. 시력이 약해진 고첨석 씨는 뾰족돌을 잘 볼 수 없었다.

드디어 뾰족돌 전시회 날. 많은 관람객들이 각지로부터 몰려왔다. 그런데 사람들의 얼굴에는 실망이 가득차 보였다. 이제 그 돌들은 더 이상 뾰족돌이 아니었기 때문이었다. 뾰족돌이라기 보다는 오히려 뾰족한 곳이 없는 몽돌에 가까웠다. 고첨석 씨는 웨이브 해안이 뾰족돌을 전시할 수 있는 곳이 아님에도 불구하고 장소 임대료를 받은 웨이브 해안 수석전시회장을 사기죄로 지구법정에 고소했다.

사람도 환경에 따라 달라지듯 돌도 마찬가집니다.
복잡한 해안선도 바닷물에 의해 단조로워지기도 하지요.

바닷물로 인해 암석의 모양이 달라질 수 있을까요? 지구법정에서
알아봅시다.

지구짱 판사

지치 변호사

어쓰 변호사

피고 측 변론하세요.

돌이면 돌이지, 돌이 뾰족하든 동글동글하든 그게 뭐
가 그리 중요합니까? 난 돌을 모으거나 돌 가지고 쇼하는 사
람들만 보면 짜증이 납니다.

이의 있습니다. 지금 피고 측 변호인은 돌을 사랑하는
사람들을 모독하고 있습니다.

인정합니다. 피고 측 변호사는 돌 같은 소리는 그만하
고 본 사건과 관계 있는 변론을 하세요.

뾰족돌이 몽돌로 바뀌었다고 해도 돌의 성분이 달라지
지 않습니다. 그러므로 원고 측의 주장은 이유가 없다고 생
각합니다.

원고 측 변론하세요.

수석전문가인 돌사모 씨를 증인으로 모시겠습니다.

머리가 유난히 큰 40대 남자가 증인석에 앉았다.

증인이 하는 일을 말씀해 주십시오.

저는 수석전문가입니다.

😮 수석이라는 게 뭐죠?

😊 인공적으로 돌을 조각하는 게 아니라 어떤 물체의 모습을 띠고 있는 돌을 모으는 것입니다. 그러니까 돌 스스로가 저절로 조각품이 되는 거죠.

😮 어떻게 그런 일이 가능하죠?

😊 이 세상에 변하지 않는 것은 없습니다. 사람도 환경에 따라 나이에 따라 그 모습이 달라지듯이 돌도 마찬가지입니다.

😮 돌이 나이를 먹는다는 건가요?

😊 그렇다기보다는 돌이 처해 있는 상황에 의해 돌의 모습이 많이 달라질 수 있다는 얘기죠. 예를 들어 세찬 바람을 많이 맞은 돌은 많이 깎이고 이산화탄소가 많이 들어 있는 물과 자주 접촉한 돌은 쉽게 부스러지는 성질이 있습니다. 이렇게 공기나 물에 의해 돌이 부스러지는 걸 풍화라고 합니다.

😮 하지만 이번 뾰족돌 사건이 일어난 웨이브 해안은 그리 센 바람도 불지 않고 또한 바닷물 속에 이산화탄소가 많이 들어 있을 리도 없는데 왜 몽돌로 변한 거죠?

😊 바닷물 때문입니다.

😮 구체적으로 말씀해 주시겠습니까?

😊 바닷물이 해안으로 밀려 들어왔다 밀려 나갔다 하면서

돌에 충격을 줍니다. 이때 뾰족한 부분이 둥그스름한 부분보다는 더 집중적으로 충격을 받아 뾰족한 부분이 둥글둥글해집니다. 예를 들어 복잡한 해안선이 단조로워지는 것과 같은 현상이지요.

그건 무슨 뜻이죠?

복잡한 해안선은 바다에 돌출된 곳도 있고 육지 쪽으로 쏘옥 들어간 곳도 있습니다. 그런데 돌출된 부분은 바닷물의 집중적인 충격을 받게 되고, 육지 쪽으로 들어간 곳에는 퇴적물이 쌓이게 되어 돌출 된 부분과 움푹 들어간 부분이나 차이가 없어집니다. 그래서 해안선이 단조로워지는 거죠.

그러니까 이번 사건의 경우도 바닷물 때문에 돌의 뾰족한 부분이 모두 동글동글해 졌다는 말씀이군요.

그렇게 볼 수 있습니다.

이번 사건은 바닷물이 돌을 깎아 뾰족한 부분을 둥그스름하게 변화시켜 수석 전시회를 망치게 한 사건입니다. 이런 일이 일어날 수도 있다는 것을 웨이브 해안 수석 전시회장 측은 고첨석 씨에게 사전에 얘기를 해 주어야 할 의무가 있습니다. 그럼에도 불구하고 그런 의무를 이행하지 않은 웨이브 해안 수석 전시회장이 이번 사건에 전적인 책임을 져야한다는 것이 본 변호사의 생각입니다.

고첨석 씨의 수석은 뾰족한 부분이 생명입니다. 이 부

분이 잘못 선택된 전시회장으로 인해 사라졌으므로 원고 측이 주장하듯 웨이브 해안 수석 전시회장이 이 사고의 책임을 지는 것으로 판결합니다.

재판 후 웨이브 해안 수석 전시회장은 고첨석 씨가 입은 물질적인 피해를 모두 보상했다. 지금 고첨석 씨는 다시 뾰족돌을 찾기 위해 전 세계를 돌아다니고 있다.

풍화! 바위가 쪼개져요

거대한 암석이 잘게 부서지는 것을 풍화라고 합니다. 그럼 무엇이 풍화를 일으킬까요?

물이 얼면 부피가 커져 병이 이것을 버티지 못하고 터집니다. 마찬가지로 암석이 갈라진 틈 사이로 물이 고이고 겨울이 와서 물이 얼면 부피가 커지므로 갈라진 틈이 더 벌어지다가 암석이 버티지 못해 갈라지게 됩니다.

또한 콜라나 사이다처럼 이산화탄소가 녹아 있는 물이 암석을 만나면 암석을 이루는 광물들을 녹여 잘게 부수게 됩니다. 또한 나무 뿌리가 자라면서 땅속의 암석들에 충격을 주어 암석이 부서질 수도 있습니다.

강물이 만드는 지형

강물은 지형을 어떻게 변화시킬까요?

상류에서는 강물이 너무 빨라 땅을 깎아내는데 이런 것을 침식작용이라고 하지요. 중류에서는 강물이 자갈, 모래, 진흙을 높은 곳에서 낮은 곳으로 이동시키는 작용을 운반작용이라고 합니다. 하류로 오면 강물의 속도가 느려져 운반된 자갈, 모래, 진흙이 쌓이는데 이것을 퇴적작용이라고 합니다.

상류는 험한 산 속의 강물로 경사가 급해 물살이 아주 빠르고 폭포도 많습니다. 빠른 물살이 강을 깎아내기 때문에 강의 단면이 V자 모양이 됩니다.

중류에서는 강물의 속도가 느려져 무거운 것들은 강물에 안 떠내려가고 쌓이게 되는데 이런 곳을 선상지라고 부릅니다.

하류에서는 강물이 더욱 느려져 꾸불거리면서 흐르게 되는데 이런 강물을 곡류라고 합니다. 이때 곡류의 안쪽은 강물이 느려 퇴적물이 쌓이고 바깥쪽은 강물이 빨라 침식작용이 심하게 일어나지요.

왜 그럴까요? 네 사람이 손에 손을 잡고 회전을 할 때 일직선을 유지하려면 안쪽 사람은 짧은 거리를 가니까 천천히 가야 하고 바깥쪽 사람은 긴 거리를 가야 하니까 빨리 가야 합니다.

강물이 회전할 때도 안쪽 강물은 짧은 거리를 가면 되니까 느려지고 그러다 보니 물속에 있던 모래나 자갈들을 그곳에 쌓아두게 됩니다. 하지만 바깥쪽 강물은 긴 거리를 가야 하니까 빨리 가고 그러다 보니 바깥쪽 강둑에 큰 충격을 주어 그곳을 침식시키게 됩니다.

곡류를 지나 이제 강물은 바다로 들어갑니다. 이제는 종착역이
니까 강물이 실어 온 걸 모두 내려놓게 됩니다. 그래서 강의 하구
에 많은 퇴적물이 쌓이게 되는데 그게 바로 삼각주입니다. 우리

강물이 굽이져 흐를 때, 안쪽은 느리게 흐르지만
바깥쪽은 긴 거리를 가야 하니까 더 세게, 빨리 흐릅니다.

나라에서 삼각주를 잘 볼 수 있는 곳은 낙동강하구이고 세계적으로는 이집트의 나일강하구의 삼각주가 대표적이지요.

바닷물이 만든 지형

바닷물도 지형을 바꿀 수 있습니다. 바닷물이 지표를 깎아내어 만든 지형을 해식지형이라고 하고, 바닷물이 운반물을 퇴적시킨 지형을 해퇴지형이라고 부릅니다.

해식지형에는 어떤 것이 있을까요? 바닷가에는 절벽을 해식절벽이라고 하는데 바닷물이 깎아서 만든 것이죠. 해식절벽이 만들어지면서 어떤 지점이 계속 더 침식되면 그 부분은 동굴이 되는데 그것을 해식동굴이라고 부릅니다.

해퇴지형에는 어떤 것이 있을까요? 바닷물이 지표를 깎아내면 지표의 흙이나 모래나 자갈이 바다에 밀려 바다 속 어딘가에 쌓이게 됩니다. 그렇게 해서 생긴 바다 밑의 대지를 퇴적대지라고 부릅니다.

제4장

대륙 운동에 관한 사건

조륙운동_ 산으로 변한 바다
과거에 바다였던 곳이 육지가 되었다면 이곳은 바다인가요? 육지인가요?

대륙 이동_ 자매국의 이별
똑같은 화석이 아주 멀리 떨어진 두 지역에서 발견될 수 있을까요?

산으로 변한 바다

과거에 바다였던 곳이 육지가 되었다면
이곳은 바다인가요? 육지인가요?

**사건
속으로**

과학공화국 지구법정에 이상한 사건이 접수되었다. 이 사건은 과학공화국에서 일어난 사건이 아니라 과학공화국이 속해 있는 아시오 대륙의 서쪽에 있는 융기국이라는 조그만 나라에서 벌어졌다.

융기국은 삼면이 바다와 접해 있는 나라로 바다 속 해양 지각에 인공도시를 가지고 있었다.

융기국은 대륙주와 해양주, 두 개의 주로 이루어져 있는데 두 주의 사람들은 사이가 별로 좋지 않았다. 대륙주 사람들이 해수욕을 하기 위해서는 해양주의 땅인 바닷가 모래사장으로 가야 하는데 해양주 사람들은 대륙주 사람들에게 값비싼 입장료를 요구했다. 그래서 대륙주 사람들은 울며 겨자 먹기로 비싼 입장료를 지불하며 해수욕을 해야만 했다.

하지만 해양주 사람들은 해저도시에서 살고 있었기 때문에 수영과 같은 해상 스포츠는 즐길 수 있지만 등산과 같은 레저 활동은 엄두도 못 냈다.

대륙주에는 뷰티산이라는 아름다운 산이 있어 주말마다 많은 등산객들로 붐볐다. 그 산 정상에 있는 커다란 분화구에는 물이 가득 차 있는 호수가 있었다. 많은 해양주 사람들이 뷰티산 등산을 원했다.

하지만 사이가 좋지 않은 대륙주에서 공짜로 해양주 사람들에게 뷰티산을 개방할 리 없었다. 대륙주는 해양주의 관광객들에게 비싼 입장료를 받아 복수했다.

일부 돈 많은 해양주의 관광객이 울며 겨자 먹기로 비싼 입장료를 내고 뷰티산 정상에 올라갔다. 해양 초등학교에서 지구과학을 가르치는 조개비 선생님도 적금 탄 돈으로 뷰티산 입장료를 지불했다.

조개비 선생님은 분화구 호수 주위를 거닐다가 많은 조개 화석을 발견했다. 그래서 조개비 선생은 뷰티산이 과거에는 바다였다고 주장했다.

땅도 오르락내리락 운동을 하는데 이를 조륙운동을 합니다.
솟아오르는 걸 융기, 가라앉는 걸 침강이라고 해요.

그리하여 해양주와 대륙주 사이에 뷰티산의 소유권을 놓고 분쟁이 벌어지게 되었고, 이 사건은 과학공화국의 지구법정에서 다루어지게 되었다.

여기는 지구법정 과거에 바다였던 곳이 현재는 육지가 될 수 있을까요? 그 원인은 무엇일까요? 지구법정에서 알아봅시다.

지구짱 판사

지치 변호사

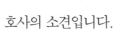

어쓰 변호사

피고 측 변론하세요.

대륙주와 해양주의 구분은 그 지역이 땅인가 바다인가에 따라 결정됩니다. 비록 뷰티산 정상의 호수에서 조개 화석이 발견되었다 하더라도 뷰티산은 엄연히 대륙에 속해 있으므로 그곳의 소유권은 대륙주가 가져야 한다는 것이 본 변호사의 소견입니다.

원고 측 변론하세요.

대륙과 해양의 구분을 현재 그 지역이 대륙인가 해양인가에 의해서만 결정할 수는 없다고 생각합니다. 오랜 역사를 통해 그 지역이 얼마나 더 많은 시간 동안 땅이었는지 바다였는지를 따지는 것이 현명한 결정이라는 것이 본 변호사의 생각입니다. 저의 생각을 뒷받침하기 위해 조류연구소의 이웃땅 박사를 증인으로 요청합니다.

머리가 위로 솟은 30대의 남자가 증인석에 앉았다.

조류연구소는 무엇을 하는 곳입니까?

조류운동을 연구하는 곳입니다.

조류운동이 뭐죠?

땅이 위로 올라가거나 아래로 내려가거나 하는 운동이죠.

잘 이해가 안 됩니다. 좀 자세히 설명해 주세요.

바다보다 낮으면 바다 속의 땅이 되고 바다보다 높으면 육지가 됩니다.

너무 당연한 얘기군요.

땅이 위아래로 오르락내리락 하는 운동을 하거든요. 그러다 보면 바다 속에 있던 땅이 위로 솟아올라 육지가 되기도 하고 육지가 내려앉아 바다 속의 땅이 되기도 하지요. 땅이 위로 솟아오르는 걸 융기라고 하고 아래로 가라앉는 걸 침강이라고 하죠.

이번 사건과 관련된 아주 결정적인 얘기군요. 그런데 증거가 있습니까?

많습니다. 예를 들어 우리 과학공화국의 남부 해안은 해안선이 복잡하고 섬이 아주 많지요. 그래서 우리의 남쪽 바다를 다도해라고 부릅니다.

😀 그것과 융기, 침강이 무슨 상관이 있죠?

😬 이게 바로 조륙운동의 증거입니다. 원래 그 지역의 섬과 육지 사이의 바다는 육지였습니다. 그런데 그 부분의 땅이 침강하고 그 위로 바닷물이 고여 바다가 된 것이죠.

😀 더 결정적인 증거는 없습니까?

😬 북극 근처에 스칸디나비아 반도가 있죠?

😀 네. 가본 적은 없지만 한여름에도 녹지 않는 빙하가 있어 절경이라고 하더군요.

😬 그 땅이 위로 올라오고 있습니다. 저희 연구소의 관측에 의하면 100년에 1미터 정도 올라오고 있습니다.

😀 왜죠?

😬 그 땅은 빙하로 덮여 있습니다. 빙하는 얼음이죠. 그런데 지구가 점점 더워지면서 빙하가 녹아서 물이 됩니다. 물은 바다로 흘러가고, 그러다 보면 사라진 빙하의 무게만큼 가벼워지니까 땅이 위로 올라가게 되지요.

😀 우리는 원조를 생각해야 합니다. 뷰티산이 과거에 바다였다는 증거를 충분히 확보했습니다. 그러므로 지금 어디 있는가와 관계없이 뷰티산은 바다로 인정하여 해양주가 관리해야 한다는 것이 본 변호사의 생각입니다.

😑 지구는 끊임없이 위로 올라갔다 내려갔다 하는 운동을 하고 있습니다. 뷰티산이 과거에 바다였다는 점은 인정합니

다. 하지만 그 바다도 전에 육지였다가 침강하여 물이 고여 바다가 되었는지는 알 수 없습니다. 그러므로 육지냐 바다냐 하는 문제는 분쟁이 되는 그 시대에 결정할 문제라고 생각합니다. 그러므로 뷰티산의 소유권이 대륙주에 있다고 판결합니다.

뷰티산에 대한 대륙주와 해양주의 분쟁은 이렇게 싱겁게 끝이 났다.

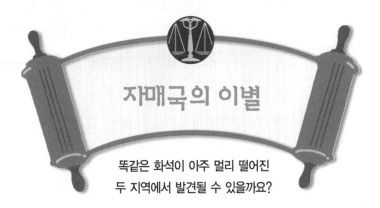

자매국의 이별

똑같은 화석이 아주 멀리 떨어진
두 지역에서 발견될 수 있을까요?

**사건
속으로**

과학공화국이 속해 있는 아시오 대륙의 남쪽에 위치한 캄브리 공화국은 인구 10만의 아주 작은 도시국가다. 캄브리 공화국은 좋은 해수욕장이 많은데도 불구하고 다른 나라 사람들에게 잘 알려지지 않아 찾는 관광객들이 뜸했다.

그런데 최근 캄브리 공화국의 남쪽 해안에서 고생대 화석이 무더기로 출토되었다. 다른 지역에서도 고생대 화석 중에서 가장 흔한 삼엽충이나 필석의 화석은 많이 발견되었지만 캄브리 공화국에서 발견된 고생대 화석은 다른 나라에서는 한 번도 발견된 적이 없는 글로솝테리스라는 화석이었다.

많은 지질학자들이 새로운 고생대 화석을 보기 위해 캄브리 공화국으로 몰려들었다. 캄브리 해안에서 글로솝테리스 화석을 구경하던 많은 지질학자들과 그들의 가족은 아름다운 캄브리 해안의 경치에 반했다. 그리하여 캄브리 공화국은 인터넷을 통해 전 세계 사람들에게 알려지게 되었다. 캄브리 사람들은 짭짤한 관광수익을 올릴 수 있어 캄브리 사람들의 삶의 질은 날로 좋아졌다.

그러던 어느 날 캄브리 공화국의 관광청장은 인터넷에 올라온 배너 광고를 보고 놀라지 않을 수 없었다. 그 광고는 다음과 같았다.

원조 고생대 화석 글로솝테리스가 있는 오스텔 섬으로 오세요.

오스텔 섬은 캄브리 공화국과는 달리 지구의 남반구에 위치한 작은 섬나라로 아름다운 경관 때문에 관광객이 몰리는 곳이었다. 그런데 글로솝테리스 화석까지 볼 수 있으므로 조그만 캄브리 공화국보다는 여러 부대시설이 잘 갖춰져 있는 오스텔 섬으로 사람들이 몰리는 게 당연한 일이었다.

오스텔 섬의 광고가 인터넷에 뜬 후 캄브리 공화국을 찾는 사람들의 수는 급격히 줄어들었다. 캄브리 공화국을 찾으려던 사람들이 모두 오스텔 섬으로 방향을 바꾸었기 때문이었다.

캄브리 관광청은 오스텔 섬이 캄브리 공화국의 글로숩테리스 화석을 훔쳐간 것이 틀림없다며 오스텔 섬을 절도혐의로 지구법정에 고소했다.

좁은 지역에서만 자랐던 식물의 화석이 먼 곳에서 발견되기도 합니다.
지구가 하나의 대륙이었다는 증거지요.

글로솝테리스는 처음에 어디서 살던 생물일까요? 지구법정에서 알아봅시다.

지구짱 판사

지치 변호사

어쓰 변호사

🧑‍⚖️ 원고 측 변론하세요.

👵 화석은 죽은 생물의 유해나 생활의 흔적이 지층 사이에 남아 있는 것입니다. 물론 어떤 생물은 지구의 전지역에서 살았던 경우도 있습니다. 예를 들어 고생대 화석인 삼엽충의 화석은 전 세계에서 발견됩니다. 그것은 삼엽충이 고생대의 바다 속에 가장 많이 살았던 생물이기 때문입니다. 하지만 글로솝테리스라는 식물은 고생대의 희귀한 식물입니다. 그렇다면 이 식물은 캄브리 공화국에서 처음 발견되었으므로 그 근처에서만 자라던 식물로 볼 수 있습니다. 그러므로 캄브리 공화국에서 바닷길로 만 킬로미터나 떨어진 오스텔 섬에서 같은 식물의 화석이 발견된다는 것은 있을 수 없는 일입니다. 식물이 배를 타고 간 것도 아니므로 이번 사건은 오스텔 섬의 절도행위로 볼 수 있다고 생각합니다.

🧑‍⚖️ 피고 측 변론하세요.

🧑 캄브리 공화국에서 글로솝테리스 화석이 발견되었다고 다른 지역에서 그 화석이 발견되지 말라는 법은 없습니다. 그 부분에 대해 증언해 주실 지질시대연구소장 베게너 박사를 증인으로 요청합니다.

베게너 박사가 증인석에 앉았다.

😎 글로솝테리스가 뭡니까?

🧐 고생대 말기에서 중생대 초기까지 남반구에 번성했던 식물입니다. 지금은 멸종된 식물이죠.

😎 고생대 중생대 신생대 그러는데 대충 어느 시기인가요?

🧐 2억 4천 5백만 년 전까지를 고생대라고 합니다. 이때 처음 동물이나 식물의 조상들이 나타나기 시작했죠. 식물로는 거대한 고사리 숲이 만들어졌고, 이때 글로솝테리스라는 식물도 살고 있었죠. 이런 식물들이 땅속에 묻혀 석탄이 된 겁니다.

😎 그럼 중생대는요?

🧐 고생대가 끝나고 지금으로부터 6천 5백만 년 전까지를 중생대라고 부르죠. 중생대는 파충류인 공룡의 시대이죠. 그리고 그 이후를 신생대라고 부르는데 이때 인류가 탄생했죠.

😎 아시오 대륙의 남쪽에 있는 캄브리 공화국과 남반구에 있는 오스텔 섬은 엄청나게 멀리 떨어져 있는데, 그 두 곳에서 같은 식물이 살았다고 볼 수 있습니까?

🧐 물론 가능합니다.

😎 어째서죠?

지금 갈라져 있는 여러 개의 대륙은 지금으로부터 2억 8천만 년 전에는 판게아라는 하나의 대륙이었습니다. 그러다가 2억 년 전 위아래로 나뉘어지고 계속하여 여러 개의 대륙으로 갈라졌습니다.

지금 떨어져 있는 곳이라 해도 과거에는 서로 이웃이 었을 수도 있겠군요.

물론입니다. 지금 캄브리 공화국이 있는 잉도 반도와 오스텔 섬은 원래 붙어 있었습니다. 특히 캄브리 공화국 남부 지역과 오스텔 섬의 북부지방은 같은 마을이었지요.

그렇다면 글로솝테리스는 과거 두 곳이 같은 마을일 때 자라다가 대륙이 갈라지고 이동하여 하나는 북반구의 잉도 반도가 되고 하나는 남반구에 남아 오스텔 섬이 되었다는 얘기군요.

그렇습니다.

존경하는 재판장님. 증인이 얘기했듯이 지구의 대륙은 과거로부터 계속 움직여 왔고 지금도 움직이고 있습니다. 이것을 대륙이동이라고 합니다. 오스텔 섬과 캄브리 공화국은 처음에 붙어 있었고, 그 당시에 글로솝테리스가 살고 있었던 만큼 글로솝테리스 화석의 소유권은 두 지역이 동시에 가져야 한다는 것이 본 변호사의 생각입니다.

우리는 이 재판을 통해 우리가 걸어 다니고 있는 대륙

이 처음에는 하나로 붙어 있었다가 갈라져 움직인다는 사실을 알게 되었습니다. 지금 세계는 자신의 나라의 이익만을 따지는 이기적인 모습으로 변했습니다. 우리가 과거처럼 하나의 대륙에서 하나의 나라로 살고 있다면 그러한 대립은 없을지도 모릅니다. 이번 분쟁에 휘말린 캄브리 공화국과 오스텔 섬은 과거 이웃이었습니다. 그런데 이렇게 화석 하나 때문에 갈등을 빚는 모습을 보니 씁쓸한 생각이 듭니다. 아무튼 글로솝테리스의 소유권은 두 나라에 있는 것이 명백하므로 원고 측의 고소는 이유가 없다고 선고합니다.

재판 후 두 나라 사람들은 자신들이 과거에 같이 붙어 있었다는 사실을 알고 크게 놀랐다. 이제 두 나라는 자매국이 되어 서로 상대방 나라의 관광을 권유하고 있다.

판게아 대륙의 비밀

2억 8천만 년 전에는 모든 대륙들이 하나로 붙어 있었습니다. 그 대륙을 '판게아'라고 부르지요. 판(pan)은 '모두'라는 뜻이고 게아(gaea)는 '땅'이라는 뜻이므로 판게아는 모든 땅을 의미하지요.

2억 년 전 판게아는 두 개의 대륙으로 갈라집니다. 북쪽의 로라시아 대륙은 지금의 북아메리카와 유럽, 아시아가 되었고, 남쪽의 곤드와나 대륙은 아프리카, 남아메리카, 인도, 호주, 남극이 되었습니다. 이러한 대륙의 분열이 계속되어 지금의 대륙으로 나뉘어진 거지요.

지금도 대륙이 움직일까요? 물론입니다. 아프리카 대륙은 지금도 북쪽으로 올라가고 있습니다. 그러니까 언젠가는 유럽과 달라붙고 지중해는 사라질 것입니다. 지금도 미국의 로스앤젤레스와 샌프란시스코가 서로 가까워지고 있습니다.

판구조론

어떻게 거대한 대륙이 움직일까요? 지각은 맨틀 위에 떠 있습니다. 그리고 지각에는 두께가 얇은 해양지각과 두꺼운 대륙지각이 있고 이 지각은 거대한 판 위에 붙어 있지요.

이 판들은 맨틀을 완전히 덮고 있지는 않습니다. 즉 여러 개의 판으로 이루어져 있고 하나의 판의 두께는 약 100킬로미터 정도

물 위에 뜬 스티로폼은 움직입니다. 지구 역시
맨틀 위의 판이 움직이면서 대륙이 함께 이동한답니다.

입니다. 그러다 보니 판과 판이 충돌하기도 하고 붙어 있던 판이 갈라지기도 하면서 그 위에 있던 대륙들이 움직이게 됩니다.

목욕탕에 몇 개의 스티로폼 조각을 띄워 놓고 그 위에 진흙을 쌓아봅시다. 그리고 물을 출렁거리게 하면 판들이 움직이면서 판 위의 진흙들도 함께 움직입니다.

이때 물을 맨틀, 스티로폼을 판, 진흙을 대륙이라고 생각하면 대륙이 이동하는 것을 알 수 있습니다.

이렇게 판들이 움직이다 보면 두 판이 서로 만나기도 합니다. 그러면서 그 위의 대륙들이 만나게 되지요. 인도 판과 아시아 판은 서로 다른 판이었는데 인도 판이 북상해서 아시아 판에 달라붙었습니다. 그때의 충돌로 찌그러져 올라간 부분이 바로 히말라야 산맥이지요.

조륙운동

남해안은 섬도 많고 해안선도 복잡합니다. 이런 해안을 리아스식 해안이라고 하지요. 스페인 북서부 비스케이만에는 이와 같은 해안이 많으며, 이 지방에서 이렇게 굴곡이 심한 것을 리아(rias)

라고 하기 때문에 붙여진 이름입니다. 우리나라의 서해와 남해는 리아스식 해안입니다.

왜 이런 해안이 나타날까요? 그것은 땅이 수직으로 움직이기 때문입니다. 육지와 산 사이의 땅이 가라앉고 거기에 바닷물이 들어오면서 섬이 된 것입니다.

반대로 바다에 있던 땅이 위로 솟아올라 육지가 될 수도 있습니다. 땅이 내려앉는 걸 침강이라고 부르고 땅이 올라오는 것을 융기라고 부르며 침강과 융기를 합쳐서 조륙운동이라고 합니다.

동해안은 섬도 별로 없고 해안선이 단순합니다. 원래 바다 속에 있던 땅이 융기하여 육지를 이루었기 때문에 섬들과 육지가 달라 붙었기 때문이지요.

날씨와 관련된 사건

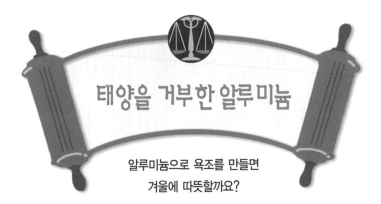

태양을 거부한 알루미늄

알루미늄으로 욕조를 만들면
겨울에 따뜻할까요?

**사건
속으로**

과학공화국 남부에 있는 사우나 시티는 햇살이 따뜻해서 노천탕이 성행했다. 최근의 웰빙 붐을 타고 많은 사람들이 건강에 좋은 노천욕을 즐기기 위해 사우나 시티로 몰려들었다. 노천욕은 볕이 뜨거운 여름보다는 봄가을에 주로 사람들이 몰렸고 겨울에는 비교적 한산했다.

사우나 시티에서 노천탕을 경영하는 김알막 씨는 겨울에도 손님을 유치하기 위해 겨울용 노천 욕조를 만들기로 계획을 세웠다. 그리고는 동네 철골가게에 가서 겨울용 노천 욕조를 의뢰했다.

철골가게 주인인 조철강 씨는 주문대로 원통형의 노천 욕조를 만들었다. 그는 자신의 철골가게에서 쉽게 구할 수 있는 알루미늄으로 통을 만들고 뚜껑은 유리로 덮어 하늘을 볼 수 있도록 겨울용 노천 욕조를 만들어 김알막 씨에게 가지고 갔다. 알루미늄이 햇빛에 반사되어 거울처럼 빛나는 모습이 너무나 아름다워 보였다.

"어떻습니까?"

조철강 씨가 자신이 만든 노천 욕조를 가리키며 김알막 씨에게 말했다.

"반짝거려서 좋긴 한데……. 차라리 흙으로 만들면 더 운치 있지 않았을까요?"

김알막 씨는 조금 불만 섞인 목소리로 대답했다. 하지만 이미 제작이 완료된 상태였으므로 김알막 씨는 조철강 씨가 제작한 노천 욕조를 여기저기에 설치했다.

소문을 듣고 많은 사람들이 초겨울의 쌀쌀한 날씨에도 불구하고 김알막 씨의 노천 욕조에 몰려들었다. 개장 첫날 김알막 씨의 노천 욕조에 사람들이 모두 채워지고 사람들은 따스한 물속에 몸을 담그고 천장의 유리를 통해 비치는 맑은 하늘을 바라보며 노천욕을 즐겼다.

그런데 잠시 뒤에 모든 손님들이 욕조를 서둘러 빠져나왔다.

그리고 물이 너무 차가워져서 노천욕을 할 수 없으니 환불해 달라고 했다. 이 사건으로 김알막 씨는 사우나 시티에서 노천탕을 할 수 없을 정도로 신용이 떨어지게 되었다.

김알막 씨는 이것이 잘못된 노천 욕조의 설계 때문이라며 조철강 씨를 지구법정에 고소했다.

물체는 물질에 따라, 색깔에 따라 빛을 흡수하는 정도가 다릅니다.
빛을 잘 흡수하면 따스해지고, 반사하면 차가워집니다.

여기는 지구법정

태양에서 지구로 열이 전달되는 원리는 무엇일까요? 그리고 어떤 색의 물체가 태양열을 더 잘 흡수할까요? 지구법정에서 알아봅시다.

지구짱 판사

지치 변호사

어쓰 변호사

피고 측 변론하세요.

겨울은 여름보다 춥습니다. 태양의 고도가 낮기 때문이죠. 그렇다면 노천에서 뿜어져 나오는 뜨거운 물은 어떤 방법을 쓰더라도 차가운 공기와 만나 차가워질 것입니다. 그것은 겨울에 뜨거운 물을 대야에 받아도 잠시 후에 물이 차가워지는 것과 같은 논리입니다. 그러므로 겨울에 노천욕을 즐기려는 사람은 물이 식을 수 있다는 것을 생각하고 처음에는 온탕이었더라도 나중에는 냉탕이 될 것이라는 마음을 먹고 탕에 들어갔어야 할 것입니다. 따라서 이 사건은 조철강 씨가 만든 노천 욕조와는 무관하게 추운 겨울 날씨 때문에 벌어진 사건이므로 조철강 씨의 책임은 없다고 생각합니다.

원고 측 변론하세요.

물론 겨울이 사계절 중 제일 춥다는 것은 누구나 다 알고 있는 사실입니다. 하지만 조철강 씨가 조금 더 과학적으로 노천 욕조를 만들었다면 좀 더 오랫동안 사람들이 더운 물에서 목욕을 할 수 있었을 것입니다. 이 부분에 대한 증언을 위해 라디아 연구소의 김복사 박사를 증인으로 요청합니다.

김복사 박사가 증인석에 앉았다.

😀 라디아 연구소는 무엇을 하는 곳이죠?

😖 열의 복사를 연구하는 곳입니다.

😀 복사? 그게 뭐죠?

😫 열을 전달하는 방식에는 세 가지가 있습니다. 전도, 대류, 복사가 그 세 가지입니다.

😀 차근차근 설명해 주시겠습니다.

😖 뜨거운 프라이팬에 손을 직접 갖다 대면 어떻습니까?

😀 무지무지 뜨거워 손이 데이겠죠.

😫 이렇게 뜨거운 물체와 차가운 물체가 직접 접촉하여 열이 뜨거운 물체에서 차가운 물체로 이동하는 걸 열의 전도라고 합니다.

😀 열은 항상 뜨거운 데서 차가운 데로 흐르나요?

😫 물이 높은 데서 낮은 데로 흐르듯이 열은 뜨거운 데서 차가운 데로 흐릅니다.

😀 열이 이동했는데 왜 손이 뜨거워지는 거죠?

😫 열이란 에너지입니다. 그리고 물체의 에너지가 크면 온도가 높고 작으면 낮지요. 그런데 열을 받으면 물체의 에너지가 커져서 온도가 올라갑니다.

😀 그럼 프라이팬의 온도는 내려가겠군요.

호빵을 자꾸 주물럭대면 호빵이 차가워지는 것과 같은 원리죠.

좋습니다. 그럼 대류는 뭐죠?

스팀을 틀면 방 전체가 따스해집니다. 스팀이 손에 닿지 않는 먼 곳에 있을 때도 말입니다. 그럼 스팀과 사람이 직접 접촉하지는 않았으니까 전도는 아닙니다.

그럼 어떻게 스팀의 열이 사람에게 전달되는 거죠?

바로 공기 때문이죠. 스팀과 부딪친 공기는 뜨거워지면서 위로 올라가 위에 있는 차가운 공기에 열을 전달합니다. 이렇게 열을 전달한 공기는 차가워져서 다시 밑으로 떨어지고 또 다시 스팀 때문에 뜨거워져서 위로 올라갑니다. 이런 식으로 전체 공기를 뜨겁게 만들어 방 전체를 뜨겁게 하는 것을 대류라고 합니다.

라면 물이 끓을 때와 비슷하군요.

물론 그것도 바닥의 뜨거운 물이 위로 올라가 물 전체를 데워 주는 대류현상이죠.

그럼 복사는 뭐죠?

뜨거운 물체는 빛을 내죠. 그 빛이 먼 곳에 있는 우리 몸에 열을 주는 것이 바로 복사입니다. 성냥을 켜면 빛이 나죠? 그 빛이 우리에게 열을 전해 주지요.

복사는 물체 사이에 아무 것 없이도 열이 전달되나요?

물론입니다. 태양과 지구 사이에는 아무 것도 없습니다. 그런데도 태양의 열이 지구에 전달되는 것은 바로 태양빛을 통한 복사입니다.

그럼 본론으로 들어가서 이번 사건이 복사와 관계가 있습니까?

그렇습니다. 조철강 씨의 설계가 잘못되었습니다.

무슨 말씀이죠?

물체는 태양에서 오는 빛을 많이 흡수해야 온도가 올라갑니다. 그런데 알루미늄은 빛을 아주 잘 반사하지요. 그러니까 욕조 안으로 들어오는 빛이 별로 없으니까 욕조 안이 추워지는 것입니다.

다른 것으로 만들어도 마찬가지 아닌가요?

그렇지 않습니다. 물질에 따라 또는 물체의 색깔에 따라 빛을 흡수하는 정도가 다릅니다. 겨울에는 주로 무슨 색의 옷을 입죠?

검은 옷이나 어두운 색의 옷을 입죠.

바로 그겁니다. 검은 색은 빛을 아주 잘 흡수합니다. 반면 흰색은 빛을 잘 반사하지요. 그러니까 겨울에는 검은 옷을 입으면 몸이 따뜻해지고, 여름에는 흰옷을 입으면 몸이 시원해지는 거죠. 그러므로 욕조를 빛을 잘 흡수하는 검은 색깔의 물체로 설계를 했다면 욕조 안의 물이 그리 빨리 차가워지지는 않았을 거라고 생각합니다.

👤 조철강 씨는 알루미늄을 이용하여 겨울용 노천 욕조를 설계했습니다. 그런데 알루미늄은 태양빛을 잘 반사시키는 재료입니다. 그러므로 태양열이 욕조 안으로 들어오는 것을 막아 물이 뜨거운 온도로 유지될 수 없었습니다. 그로 인해 김알막 씨는 큰 손실을 보았습니다. 이것은 명백하게 잘못된 설계에서 비롯된 손실이므로 모든 책임은 조철강 씨가 져야 한다고 생각합니다.

😊 온도와 관련된 시설물을 공사할 때는 열의 흡수가 잘 이루어지는가 잘 이루어지지 않는가를 고려하여야 할 것입니다. 겨울용 노천 욕조는 태양빛을 잘 흡수하는 재질로 만들어졌어야 할 것입니다. 그런데 조철강 씨는 반대로 태양빛을 반사시켜 태양의 복사에너지가 욕조 안의 물의 온도를 올리지 못하게 설계를 하였으므로 이 공사는 부실 시공이라고 여겨집니다. 그러므로 조철강 씨는 전문가의 의견을 종합하여 겨울에도 태양빛을 잘 흡수하는 따스한 노천 욕조를 재시공할 것을 선고합니다.

재판 후 김복사 씨의 설계대로 노천 욕조가 재시공되었다. 노천 욕조는 검은 벽으로 설계되어 태양빛을 잘 흡수할 수 있도록 만들어졌다.

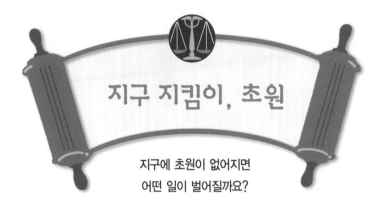

지구 지킴이, 초원

지구에 초원이 없어지면
어떤 일이 벌어질까요?

**사건
속으로**

최근 과학공화국 남부의 대 초원지대인 포리스트 지역에 개발붐이 불었다. 포리스트 지역은 지구에서 가장 큰 초원으로 많은 종류의 수목과 초식동물들이 살고 있는 지구 최대의 살아있는 식물원이었다.

그런데 과학공화국의 산업기술부 장관인 재개발 씨는 과학공화국과 초원이 어울리지 않는다며 포리스트 초원을 대규모 공업단지로 개발할 계획을 발표했다.

이 소식이 매스컴을 통해 알려지자 과학공화국 식물협회의 이식물 회장이 개발에 반기를 들고 나섰다. 그는 산업기술부를 방문해서 재개발 장관에게 따졌다.

"세계 최대의 초원을 없애겠다고요?"

"과학공화국 최고 수출 상품은 반도체요. 그러기 위해서는 반도체 공정 시설을 갖춘 대단위 공업단지가 필요하오. 지금 다른 지역에서는 그만한 공간을 확보할 수 없지 않소. 포리스트 초원이 딱 적격이오. 이미 공업공화국도 공업단지를 만드는 일에 동의했소."

"반도체가 중요한 것은 알지만 대 초원을 없애는 것은 위험합니다."

"뭐가 위험하단 말이오? 그까짓 식물은 다른 나라에도 많지 않소?"

"식물이 사라지면 지구가 파멸합니다."

"거 말도 안 되는 소리로 협박하지 마시오."

"제 말이 사실인지 아닌지 법정에서 봅시다. 저는 시민단체를 동원해서 이 계획을 저지하겠습니다."

이식물 회장은 강경한 어조로 말했다.

하지만 재개발 장관은 식물협회와 녹색단체 같은 시민단체의 저항에도 아랑곳하지 않고 반도체 단지 조성을 강행하겠다는 발표를 하였다. 이에 이식물 회장은 시민단체와 함께 재개발 장관을 지구법정에 고소했다.

지구의 온도가 올라가면 빙산이 녹아 육지가 물에 잠길 수 있습니다.
식물이 그것을 막아 주는 역할을 하지요.

초원이 사라지면 지구의 온도가 올라갈까요? 지구의 온도가 올라가면 어떤 위험이 생길까요? 지구법정에서 알아봅시다.

지구짱 판사

지치 변호사

어쓰 변호사

🗣 피고 측 변론하세요.

🗣 세상은 달라졌습니다. 농업중심의 사회에서 공업이나 서비스업종 중심의 사회로 말입니다. 앞으로 유전공학에 의해 쌀도 공장에서 만들어질지도 모릅니다. 그런 시대적 흐름을 감안할 때 필요한 곳에 대단위 공업단지를 조성하는 것은 정부의 결정사항입니다. 일부 식물 보호론자 때문에 국민 전체가 부유하게 사는 길을 막을 수는 없습니다. 또한 이식물 회장은 마치 식물원이 없어지면 지구가 파괴되기라도 할 듯 거짓말을 늘어 놓아 정부의 정책을 방해하려 했습니다. 아무튼 이번 정부의 계획이 일부 단체에 의해 중단되지 않아야 한다는 것이 본 변호사의 생각입니다.

🗣 원고 측 변론하세요.

🗣 온실연구소의 이탄소 박사를 증인으로 요청합니다.

얼굴이 새까만 40대 남자가 증인석에 앉았다.

🗣 온실연구소는 무엇을 하는 곳입니까?

🗣 지구의 온실효과를 줄이는 방법을 연구하는 곳입니다.

지구의 온실효과가 뭐죠?

지구가 온실 안처럼 점점 뜨거워지는 걸 말합니다.

왜 뜨거워지죠?

태양빛에서 온 복사열로 지구가 뜨거워집니다. 하지만 뜨거워진 땅에서 열이 나와 우주로 날아가니까 지구는 항상 비슷한 온도로 유지될 수 있습니다.

그럼 온실처럼 뜨거워지지 않을 텐데요.

하지만 바로 지구 밖으로 빠져나가는 것이 아닙니다. 지구는 두터운 대기가 있어 일단 대기에 흡수되어 지구를 따스하게 하지요.

몸을 따뜻하게 보호해 주는 옷과 같은 역할을 하는군요.

그렇습니다. 이때 대기 중의 수증기나 이산화탄소가 대부분의 열을 흡수합니다. 이 중에서 수증기는 다시 비가 되어 땅으로 내려와 강이나 바다로 흘러갔다가 다시 올라가고, 또 비가 되어 내려오고 계속 순환하니까 그 양이 일정합니다. 하지만 이산화탄소의 경우는 다릅니다.

왜죠?

인간이나 동물이 숨을 쉬면 산소를 들이마시고 이산화탄소를 내뱉습니다. 또한 자동차나 공장에서 석유를 태우면 이산화탄소가 발생하여 하늘로 올라갑니다.

😮 그래도 다시 내려와서 순환되지 않나요?

😎 이산화탄소의 양을 조절하는 데 가장 중요한 역할을 하는 것이 바로 식물입니다. 식물은 이산화탄소를 들이마시고 산소를 내뱉으니까요.

😮 아하, 그러니까 식물이 사라지면 대기 중에 이산화탄소의 양이 많아져 점점 더 뜨거워지겠군요. 그럼 지구에 무슨 문제가 생기나요?

😎 지구에 큰 위기가 오죠.

😮 어째서죠?

😎 지구의 온도가 올라가면 북극과 남극의 빙산들이 녹을 수 있습니다. 그 거대한 얼음이 물로 바뀌면 해수면이 올라가 지금 육지인 곳이 물에 잠길 수 있습니다.

😮 얼마나 잠기죠?

😎 남극대륙이 모두 녹으면 해수면이 70미터 올라가게 됩니다.

😮 우와! 웬만한 나라는 모두 없어지겠군요.

😎 그렇습니다. 육지의 넓이가 지금과는 비교도 안 될 정도로 줄어들겠지요.

😮 존경하는 재판장님. 대초원의 식물들이 흡수하는 이산화탄소의 양은 어마어마합니다. 그리고 그것은 지구 대기 중의 이산화탄소의 양이 늘어나는 것을 막아 주어 지구가 점점

뜨거워지지 않게 합니다. 하나뿐인 우리의 지구를 지키기 위해서 그러니까 지구를 영원히 인간이 살 수 있는 행성으로 만들기 위해서 우리는 식물들의 숲인 초원을 지켜야 합니다. 판사님의 현명한 판결을 부탁드립니다.

이번 사건을 통해 우리는 그동안 간과해 왔던 식물들의 중요한 역할을 알게 되었습니다. 식물 없이 동물들끼리만 살 수는 없다는 것을 말입니다. 그런데 계속되는 공업화로 지구의 초원은 점점 줄어들고, 지구는 점점 뜨거워지고 있습니다. 인공적인 문명도 중요하지만 지구를 사람이 살 수 있는 적당한 온도를 가진 행성으로 지키는 것은 더욱 중요합니다. 그러므로 이번 포리스트 초원에 반도체 단지를 만드는 계획은 인정할 수 없음을 선고합니다.

재판 후 여론의 뜨거운 공격을 받은 재개발 장관은 해임되었다. 그리고 포리스트 초원의 반도체 단지 조성계획은 모두 백지화되었다.

위험한 새벽 조깅

새벽에 조깅을 해서 건강이 나빠졌다면
누구의 책임일까요?

**사건
속으로**

최근 발표된 세계의 국가별 평균 수명에서 과학공화국이 꼴
찌를 차지했다. 가장 평균 수명이 높은 요가공화국의 평균
수명이 80세인 데 비해 과학공화국의 평균 수명은 65세에
불과했다.

그것은 과학공화국 국민들의 운동부족과 나쁜 식생활습관
때문이었다. 요가공화국은 국민의 90%가 걷거나 자전거를
타고 출근하는 데 비해 과학공화국 국민들의 90%는 자동차
로 회사 앞까지 출근하기 때문이었다. 또한 요가공화국 국민

들이 주로 채식 위주로 식사를 하는 데 비해 과학공화국 국민들은 식사시간을 줄이기 위해 햄버거와 같은 패스트푸드를 선호한 것도 또 하나의 이유였다.

신문을 통해 과학공화국의 평균 수명이 요가공화국보다 15세나 적다는 것을 알게 된 국민들의 반응은 놀라움과 경악 그 자체였다. 그동안 건강을 신경 쓰지 않았던 나피곤 씨 역시 뉴스를 통해 소식을 접해 듣고 충격을 받았다. 그리고 전화번호부를 뒤져 헬스클럽을 알아보았다.

"거기 헬스클럽이죠? 운동 좀 하려고 하는데 언제 가야 하죠?"

"저희는 새벽반만 운영합니다. 새벽 운동이 최고죠."

"어디서 하죠?"

"고속도로 옆에 보면 공터가 있죠? 그곳이 저희 헬스클럽입니다."

나피곤 씨는 다음날 새벽 5시에 눈을 뜨자마자 헬스클럽으로 향했다. 컨테이너 박스를 개조한 사무실에서 등록을 하고 코치를 따라 고속도로 변에서 하루에 한 시간씩 조깅을 했다.

꾸준히 운동을 한다는 것에 만족한 나피곤 씨는 비가 오나 눈이 오나 하루도 빠지지 않고 새벽 조깅을 했다. 이렇게 5년간 꾸준히 운동을 했는데도 나피곤 씨는 회사 건강검진에서 호흡기 질환이 있으므로 잠시 쉬어야 한다는 판정을 받았다.

자신의 병이 새벽 조깅 때문일 것이라고 생각한 나피곤 씨는 새벽 헬스클럽을 지구법정에 고소했다.

새벽에는 지표 부근의 공기가 차가워져 대류가 일어나지 않기 때문에
공기들이 오염된 채 머물러 있습니다.

여기는 지구법정

조깅은 사람에게 필요한 운동입니다. 그런데 새벽에 조깅을 하면 오히려 건강이 더 나빠지는 이유는 무엇일까요? 지구법정에서 알아봅시다.

지구짱 판사

지치 변호사

어쓰 변호사

🦉 피고 측 변론하세요.

👵 우리는 매일 숨을 쉬고 살아갑니다. 원고인 나피곤 씨도 마찬가지입니다. 하지만 과거에 비해 공해가 심각해졌습니다. 담배 연기, 자동차 배기가스 등을 자기도 모르는 사이에 맡으면서 사람들은 조금씩 호흡기가 나빠지고 있습니다. 헬스는 비만을 방지해 주는 아주 좋은 운동입니다. 그런데 새벽에 헬스를 했다고 해서 나피곤 씨의 건강이 나빠졌다고 주장하는 것은 과학적인 근거가 없습니다. 그러므로 피고인 새벽 헬스클럽은 피해를 보상할 책임이 없다고 생각합니다.

🦉 원고 측 변론하세요.

🧑 과연 그럴까요? 본 변호인이 준비한 자료에 의하면 새벽 조깅은 대도시와 같이 공해가 심한 도시에서는 건강을 해칠 위험이 있습니다. 이 분야의 전문가인 김역전 박사를 증인으로 요청합니다.

머리가 몸에 비해 유난히 큰 김역전 박사가 증인석에 앉았다.

😎 증인이 하는 일을 간단하게 말씀해 주시겠습니까?

😎 역전층을 연구하고 있습니다.

😎 역전층이 뭐죠?

😎 우리가 숨을 쉬고 있는 곳은 대류권입니다. 그러니까 위로 올라갈수록 기온이 떨어지죠.

😎 그건 누구나 다 알고 있습니다.

😎 하지만 바람이 없고 맑은 날에는 밤에 지표면이 빨리 차가워져서 지표면 근처의 공기가 아주 차갑게 됩니다.

😎 그래서 길바닥에 쓰러져 자면 체온이 떨어져 죽을 수도 있는 것이군요.

😎 그럴 수 있죠. 이번 사건과는 별 관련 없지만.

😎 원고 측 변호사는 쓸데없이 끼어 들지 마세요. 증인 계속하세요.

😎 이런 날 새벽에는 지표로부터 위로 수백 미터 올라갈 때까지 기온이 내려가는 게 아니라 올라갈 수 있습니다.

😎 어떻게 그런 일이?

😎 지표 부분이 너무 차가우면 오히려 위쪽 공기의 온도가 더 높기 때문이죠. 이렇게 원래는 위로 올라갈수록 기온이 내려가야 하는데 반대로 올라갈수록 기온이 올라가는 대기층을 역전층이라고 하지요.

😎 야구에서 역전승 할 때처럼요?

😊 이번 사건과는 관계없는 얘기군요.

😊 원고 측 변호사. 재판과 관계 있는 얘기로 끼어 드세요. 나서지 좀 말고.

😊 주의하겠습니다. 새벽에 역전층이 생긴다고 뭐가 위험한 게 있습니까?

😊 역전층에서는 대기가 아주 안정합니다. 그러다 보니 대류가 잘 안 일어나지요.

😊 왜 대류가 안 일어나죠?

😊 대류는 아래쪽 공기가 뜨겁고 위쪽이 차가울 때 일어나는 현상입니다. 그 반대로 위가 뜨겁고 아래가 차가울 때는 대류가 일어나지 않습니다.

😊 대류가 안 일어나면 위험하나요?

😊 그렇습니다. 대류가 안 일어나니까 공기 속에 오염된 물질들이 위로 올라가질 못하고 지표면에 가라앉게 됩니다. 이때 달리기를 하면 코로 오염된 물질들이 들어 올 수 있습니다. 그러니까 건강을 위해 달리기를 하다가 나쁜 공기를 들이마시는 꼴이 되는 셈이죠.

😊 나피곤 씨가 새벽 조깅을 한 지역은 고속도로 옆이고 차량통행이 많은 곳입니다. 또한 주변에는 화학공장들이 있어 스모그가 아주 심한 지역입니다. 더군다나 바람도 잘 불지 않는 지역입니다. 그렇다면 역전층이 생길 수 있는 최적

의 조건을 갖추고 있습니다. 그러므로 오염물질이 많은 공기 속에서 나피곤 씨에게 새벽 조깅을 하도록 시킨 새벽 헬스클럽은 나피곤 씨의 건강 악화에 책임이 있다고 생각합니다.

🦁 판결합니다. 사람들은 자신이 건강을 위해 그러니까 좀 더 오래 살기 위해 운동을 합니다. 그리고 그 운동 중에서 가장 간단한 운동은 바로 조깅입니다. 조깅이란 달리기이므로 체내의 불필요한 칼로리를 운동을 통해 배출하여 사람의 체중을 유지시키는 기능이 있습니다. 하지만 지금 경우처럼 조깅을 하는 것이 오히려 오염된 공기를 마시는 일이라면 그것은 건강을 위한 운동이라기 보다는 건강을 해치는 운동이라고 여겨집니다. 그러므로 이런 유해한 운동을 회원들에게 강요한 새벽 헬스클럽은 나피곤 씨의 병원비 일체를 보상할 것을 선고합니다.

재판 후 새벽 헬스클럽은 나피곤 씨의 병원비를 모두 지불했다. 그리고 새벽 헬스클럽이 있던 자리에 저녁 헬스클럽이 생겼다. 이번 판결로 과학공화국에서 새벽에 조깅을 하는 사람들은 급격히 줄어들었다.

비가 되고픈 구름

어떤 마을에서 인공 비를 내리게 하면
이웃마을의 가뭄이 더 심해질까요?

**사건
속으로**

과학공화국 중부의 아그리 평야와 팜 평야는 공화국에서 쌀 생산이 가장 많은 평야다. 두 평야는 서로 인접해 있어 두 마을 농민들은 좀 더 쌀 수확량을 올리기 위해 서로 경쟁적으로 농사를 했다. 두 마을 사람들은 농업 비법을 서로에게 알려주지 않을 정도로 사이가 좋지 않았는데 최근 두 마을 사람들을 슬픔에 잠기게 하는 사건이 생겼다.

그것은 바로 오랜 가뭄 때문에 벼가 바짝바짝 말라붙는 것이었다. 두 마을 사람들은 기우제를 지내보기도 하고 저수지의 물을 논에 대보기도 했지만 오랜 가뭄으로 강바닥이나 저수지의 물도 이미 말라 버린 상태였다.

두 마을은 이대로 농사를 망칠 수 없다며 대책을 세웠다. 하지만 뚜렷한 대책이 나오지 않았다. 그때 아그리 마을의 아마추어 과학자인 아티레인 씨가 아그리 마을 사람들을 회관에 모았다.

"제게 비를 만들 방법이 있습니다."

아티레인 씨의 말에 사람들은 모두 깜짝 놀라는 표정이었다.

"당신이 신이요? 어떻게 안 오는 비를 만든단 말이요?"

아그리 마을 이장이 물었다.

"저는 최근 비의 원리를 과학적으로 풀었습니다. 그리고 인공적으로 비를 만들 수 있는 방법을 알아냈습니다."

아티레인 씨의 당당한 모습에 마을 사람들은 그를 믿어 보기로 했다. 다른 아이디어가 떠오르지 않았기 때문이었다.

다음 날부터 아티레인 씨는 자신의 과학실험실에서 일주일 동안 무언가를 만들기 시작했다. 마을 사람들은 그가 무엇을 하는지 궁금했지만 그의 연구를 방해하지 않기로 했다.

드디어 일주일 후 그는 마을 사람들 앞에 나타났다. 그는 마을 청년들에게 이상하게 생긴 병 여러 개를 보여주며 비행기를 타면 그 병 속의 물질을 구름에 뿌리라고 했다.

마을 청년들은 병을 나누어 갖고는 비행기를 타고 구름 속으로 들어가 병 뚜껑을 열어 구름 속에 뿌렸다. 잠시 후 기적 같은 일이 일어났다. 비가 쏟아진 것이었다.

아그리 마을 사람들은 환호성을 질렀다. 아티레인 씨가 개발한 방법으로 수차례 단비를 뿌리게 한 아그리 마을에는 벼가 익기 시작했다. 하지만 팜 마을은 여전히 가뭄 때문에 벼가 타들어 갔다. 그리고 결국 그해 쌀 수확을 포기해야 했다.

아그리 마을에서 인공 비를 내리게 했다는 사실을 알게된 팜 마을 사람들은 아그리 마을이 팜 마을의 수증기를 싹쓸이하여 아그리 마을에 인공 비를 내리게 했다며 아그리 마을을 지구법정에 고소했다.

구름은 수많은 물방울로 이루어져 있습니다. 그 덩어리들이 커지면
땅으로 떨어지는데 그게 바로 비나 눈입니다.

아그리 마을의 인공 비가 팜 마을의 가뭄을 일으켰을까요? 인공적
으로 비를 내리게 하는 원리에 대해 지구법정에서 알아봅시다.

지구짱 판사

지치 변호사

어쓰 변호사

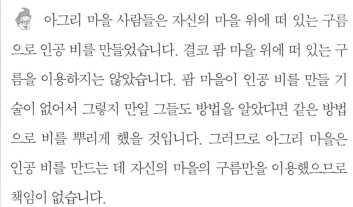

재판을 시작합니다. 피고 측 변론하세요.

아그리 마을 사람들은 자신의 마을 위에 떠 있는 구름
으로 인공 비를 만들었습니다. 결코 팜 마을 위에 떠 있는 구
름을 이용하지는 않았습니다. 팜 마을이 인공 비를 만들 기
술이 없어서 그렇지 만일 그들도 방법을 알았다면 같은 방법
으로 비를 뿌리게 했을 것입니다. 그러므로 아그리 마을은
인공 비를 만드는 데 자신의 마을의 구름만을 이용했으므로
책임이 없습니다.

원고 측 변론하세요.

아티레인 씨를 증인으로 요청합니다.

아티레인 씨가 증인석에 앉았다.

증인은 아그리 마을 사람이죠?

그렇습니다.

증인이 처음으로 인공 비를 아그리 마을에 내리게 했
다는데 사실입니까?

그렇습니다.

😎 그 원리를 좀 설명해 주시겠습니까?

🧓 우선 비라는 것이 뭔가를 알아야 합니다. 구름이 있다고 모두 비를 뿌리는 건 아니죠.

😎 어떻게 되어야 비가 오죠?

🧓 구름이란 물방울들이 둥둥 떠 있는 곳입니다. 보통 지름이 0.01밀리미터가 되지요. 그러니까 보통의 경우는 물방울이 너무 가벼워서 땅으로 안 떨어집니다.

😎 그럼 크기가 얼마나 되어야 떨어집니까?

🧓 물방울의 지름이 적어도 1밀리미터 정도는 되어야 합니다. 하지만 좀 더 작더라도 비가 되는 방법이 있습니다.

😎 그게 뭐죠?

🧓 무거운 알갱이가 물방울 속에 들어 있으면 됩니다.

😎 어떻게요?

🧓 구름은 높은 곳에 떠 있습니다. 위로 올라갈수록 온도가 낮아지니까 물방울만 생기는 게 아니라 얼음 덩어리도 생길 수 있습니다. 그 얼음 덩어리에 물방울들이 달라붙으면 무거워져서 땅으로 떨어지는데 그게 비나 눈입니다.

😎 비와 눈이 똑같은 건가요?

🧓 물론이죠. 내려오면서 얼음이 녹을 정도로 날씨가 더우면 빗방울이 되고 내려오는 동안 얼음이 안 녹을 정도로 추우면 눈이 되는 거죠.

어떻게 인공 비를 만들죠?

저는 아그리 마을 위에 있는 구름 속에 얼음 덩어리가 별로 없다는 것을 알아냈습니다. 그래서 인공적으로 구름 속에 얼음 덩어리를 만들기로 했지요.

어떻게 만들죠?

드라이아이스나 요오드화은을 구름 속에 뿌려주면 금세 얼음 덩어리가 만들어지고 주위에 물방울이 달라붙어 비가 되어 떨어집니다.

구름은 물방울로 이루어져 있고 움직입니다. 그러니까 아그리 마을의 구름이 팜 마을로 이동하면서 다른 구름과 만나 물방울이 커져서 비를 내리게 할 수도 있습니다. 그런데 아그리 마을이 얌체같이 자신의 마을 위에 있는 구름으로 인공 비를 내리게 한다면 이웃 팜 마을에는 비구름이 만들어질 수 없어 가뭄이 더 심해질 수도 있는 일입니다. 그러므로 팜 마을의 동의 없이 인공 비를 내리게 한 아그리 마을이 팜 마을에 피해를 보상할 의무가 있다고 주장합니다.

현재까지 한 지역의 인공 비가 이웃마을의 가뭄을 더 심하게 만들었다는 과학적인 증거는 없습니다. 하지만 그럴 가능성도 있다는 것이 전문가들의 의견입니다. 우리는 함께 살 수 있는 세상을 만들어야 합니다. 가뭄은 아그리 마을이나 팜 마을 모두에게 큰 아픔을 주었습니다. 아그리 마을의 인공 비가 팜 마을의 가뭄을 유발시켰는가 그렇지 않은가보다 아그리 마을이 조금 더 인간적이었다면 팜 마을과 함께 인공 비를 뿌리게 하고 그 기술적인 이용료를 팜 마을에 요청했어야 했을 것입니다. 아그리 마을의 지역이기주의에 본 판사는 심한 분노를 느낍니다. 따라서 본 판사는 팜 마을의 가뭄에 아그리 마을의 인공비가 적지 않게 영향을 끼쳤다고 선고합니다.

이번 판결로 아그리 마을 사람들은 모두 반성했다. 그들은 자신들의 쌀 수확량의 절반을 팜 마을 사람들에게 나누어주고, 두 마을이 다시는 가뭄으로 고통을 겪지 않기 위해 인공 비 센터를 건립했다.

팬히터 때문에

공기가 건조해지는 원인은 무엇일까요?

사건
속으로

과학공화국의 최근 겨울은 유례가 없을 정도로 추웠다. 그래서 다른 때보다 난방기가 많이 팔렸는데, 그 중에서도 가장 많이 팔린 난방기는 석유를 태우는 팬히터 종류였다.

전에는 창문을 살짝 열어두고 전기스토브를 발에만 대면 견딜 수 있었지만 이번 겨울은 북쪽에서 불어오는 아주 차갑고 빠른 바람 때문에 창문을 조금만 열어도 냉기가 몰려와 팬히터 없이는 견디기 힘들었다.

피부장 여사는 독신으로 살면서 사이언스 시티에서 예쁜 피부연구소를 운영하고 있었다. 그녀는 좋은 피부를 유지하는 법에 대한 TV 특강으로 유명하여 길거리를 다니면 그녀의 고운 피부를 가까이에서 구경하기 위해 사람들이 몰려들 정도였다.

최근 그녀는 겨울 시즌 동안 방송을 잠시 접고 피부와 살이라는 출판사의 의뢰로 '예쁜 피부 관리법'이라는 책을 집필하고 있었다. 그녀는 4평 남짓한 사무실에서 하루 10시간 이상 책을 쓰는 작업에 매달렸다.

날씨가 너무 추워 그녀는 감히 사무실 유리창을 열 엄두를 못 냈고, 심지어 틈 사이로 새어 나오는 차가운 바람을 막기 위해 창문틀과 창문 사이를 두꺼운 테이프로 붙였다.

또한 그녀는 싱싱전자에서 나오는 가장 강력한 팬히터를 사무실에 들여놓았다. 석유값이 많이 들긴 하지만 가장 훈훈하게 사무실에서 책을 쓸 수 있었기 때문이었다.

방송출연도 없고 피부관리 강의도 없고 해서 그녀는 거의 매일 화장도 안 하고 사무실에 아침 일찍 출근해 거의 외출도 하지 않은 채 책 쓰는 일에만 전념했다.

드디어 그녀의 책이 완성되었다. 그녀는 완성된 원고를 들고 피부와 살 출판사로 찾아갔다.

"근데, 피부장 씨 피부가 왜 그래요?"

출판사 사장이 물었다.

피부장 여사는 몇 달 만에 처음으로 거울을 들여다보고 소스라치게 놀랐다. 자신의 얼굴이 도저히 믿을 수 없을 정도로 상한 것이었다.

그녀는 이것이 사무실에 팬히터를 들여다 놓아서 생긴 일이 틀림없다며 싱싱전자를 지구법정에 고소했다.

실내의 온도가 올라가면 공기는 더 많은 수증기를 필요로 합니다.
공기의 온도에 따라 포화수증기량이 다르기 때문입니다.

밀폐된 방에서 팬히터를 오래 켜두면 공기가 건조해질까요? 공기가 건조해지면 어떤 일이 일어날까요? 지구법정에서 알아봅시다.

지구짱 판사

지치 변호사

어쓰 변호사

🧑‍⚖️ 피고 측 변론하세요.

👨‍🦰 팬히터는 난방기구입니다. 이번 겨울처럼 유난히 추운 날씨에 난방기구 없이는 누구도 실내에서 일을 할 수 없습니다. 그런 난방기구가 피부장 씨의 피부를 손상케 했다는 증거는 없습니다. 난방기구는 실내의 온도를 올리는 장치이지 오염물질을 배출하는 장치는 아니기 때문입니다. 그러므로 피부장 씨의 피부가 상한 것은 그녀가 책을 쓰느라고 피부 손질을 소홀히 했기 때문이지 싱싱전자의 팬히터와는 관계가 없다는 것이 본 변호사의 생각입니다.

🧑‍⚖️ 원고 측 변론하세요.

😀 과연 그럴까요? 김습해 박사를 증인으로 요청합니다.

김습해 박사가 증인석에 앉았다.

😀 증인이 하는 일을 간단하게 소개해 주세요.

🧑 저는 습도 연구소 소장으로 일하고 있습니다.

😀 습도라는 게 뭐죠?

🧑 한마디로 말해 공기가 축축한 정도가 습도입니다. 물은

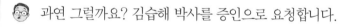

더워지면 기체인 수증기가 됩니다. 이걸 증발이라고 하죠. 뜨거운 여름날 땀이 생겼다가 수증기가 되어 공기 중으로 날아가는 현상이죠.

그렇다면 물은 더워지면 수증기가 되어 올라가고 다시 차가워지면 물이 되어 떨어지는 게 아닌가요?

물론 그렇습니다. 그런 걸 물의 순환이라고 하죠. 그런 것이 큰 스케일로 벌어지면 뜨거워진 바닷물이 증발하여 구름이 되었다가 비나 눈이 되어 다시 떨어져 물이 되는 순환과 같습니다.

그럼 습도는 일정한 게 아닌가요?

그건 습도의 뜻을 모르고 말씀하시는 겁니다. 공기 중에 있을 수 있는 수증기의 양은 그 한계가 있습니다. 그 양을 포화수증기량이라고 하죠. 그래서 공기가 포화수증기량에 도달하면 더 이상 증발이 일어나지 않습니다. 그리고 포화수증기량에 대한 현재 수증기량의 비율을 습도라고 합니다.

좀 쉽게 설명해 주세요.

좌석이 100개뿐인 극장을 생각해 보죠. 이때 100명의 손님을 받으면 더 이상 손님을 받을 수 없습니다. 극장을 공기라고 하고 좌석의 개수를 포화 수증기량으로 생각하면 됩니다. 그러니까 증발된 수증기의 개수는 극장에 온 손님의 수로 생각하면 되지요. 그러니까 좌석이 100개인데 손님이

10명 오면 습도는 10%가 되고, 손님이 90명이 오면 습도는 90%가 됩니다.

포화수증기량이 되면 습도는 100%가 되겠군요. 이제 이해가 갑니다. 그럼 포화 수증기량이 계절에 따라 달라집니까?

물론입니다. 공기의 온도에 따라 달라지죠. 온도가 높은 여름에는 포화 수증기량이 많아지고 겨울에는 포화 수증기량이 적어집니다.

여름에는 큰 극장, 겨울에는 작은 극장이 되는군요. 그럼 이번 사건에 대해 어떻게 생각하십니까?

결국 실내의 습도가 낮아져서 그런 것이라고 생각합니다.

겨울이라면 실내나 밖이나 일정한 습도가 유지되는 게 아닌가요?

그렇지 않죠. 공기 중의 수증기의 양은 실내나 밖이나 거의 비슷합니다. 하지만 밀폐된 실내에서 팬히터를 계속 틀면 실내의 온도가 계속 올라가죠. 그럼 실내의 포화 수증기량은 높아집니다.

극장이 커지는군요.

그렇습니다. 손님 수는 실내나 밖이나 같은데 실내는 좌석수가 많아지니까 실내 극장은 손님이 없어 보이죠.

😀 그럼 실내의 습도가 적어지겠군요.

🧑 그렇습니다. 그러니까 실내 공기가 건조해지죠. 그러므로 피부가 건조해져 피부가 상할 수 있습니다.

😐 밀폐된 실내에서 팬히터를 사용하면 공기가 건조해집니다. 그런 건조한 공기에 노출된 피부장 여사의 피부는 완전히 망가져 버렸습니다. 이것은 당연히 싱싱전자의 팬히터 때문에 벌어진 사건입니다. 그러므로 공기를 건조하게 하는 팬히터를 만들어 사람들의 피부를 망가뜨린 싱싱전자는 피부장 여사가 입은 피해를 보상할 의무가 있다고 생각합니다.

🦁 겨울철 실내는 춥습니다. 그러니까 적당한 난방기구를 필요로 합니다. 이번 사건은 싱싱전자의 팬히터 때문만으로는 볼 수 없습니다. 석유를 태워 열을 내는 팬히터를 밀폐된 공간에서 사용할 때는 적당히 환기를 시켜주어 건조한 공기 속에 오래 있지 않게 해야 합니다. 그런데 피부장 여사는 그런 노력을 하지 않았습니다. 그러므로 피부장 여사의 피부가 망가진 데는 피부장 여사의 책임도 크다고 보여집니다. 하지만 공기가 건조해 졌을 때 경보음을 울려 환기를 시키게 하는 장치가 팬히터에 있었더라면 이런 사태까지 되지는 않았을 것이라고 여겨지므로 이번 사건의 책임은 원고, 피고 양쪽에 있는 것으로 판결합니다.

재판 후 싱싱전자는 피부장 여사의 피부가 예전의 모습으로 돌아갈 수 있도록 최선의 노력을 다했다. 그리고 싱싱전자는 실내공기가 건조해지면 환기를 하라는 경보음이 울리는 신제품을 개발하여 대 성공을 거두었다.

지구는 왜 따뜻하죠?

태양과 지구 사이에는 아무것도 없는데 태양의 열이 어떻게 지구로 올까요? 열이 이동되는 방식에는 전도, 대류, 복사의 세 가지가 있습니다.

열은 온도가 높은 곳에서 낮은 곳으로 이동합니다. 뜨거운 호빵을 만지면 손이 뜨거워지죠? 그건 호빵의 열이 손으로 이동하기 때문입니다. 즉 열을 받은 손은 온도가 올라가고 반대로 열을 잃은 호빵은 온도가 내려가는 거지요. 이렇게 뜨거운 물체로부터 직접적으로 열이 이동하는 것을 열의 전도라고 합니다.

스팀에서 멀리 떨어져 있어도 따뜻함을 느낍니다. 물론 스팀과 사람이 직접 접촉하지 않았는데도 말입니다. 스팀의 열이, 방 전체를 돌고 도는 공기에 의해 먼 곳까지 전달되는 것을 열의 대류라고 부릅니다.

그러므로 열의 전도가 일어나려면 태양과 지구가 접촉해 있어야 하고 열의 대류가 일어나려면 태양과 지구 사이에 기체나 액체가 가득 채워져 있어야 합니다. 지구와 태양 사이에는 아무 것도 없는데 어떻게 태양의 열이 지구로 전달될까요? 그것이 바로 열의 복사입니다.

물체가 뜨거워지면 빛이 나옵니다. 추운 날 성냥을 켜면 주위가 따뜻해집니다. 성냥불을 직접 손으로 만지지 않아도 말입니다. 이것은 성냥에서 나온 빛이 사람의 몸에 흡수되어 열을 만들어 내기 때문입니다. 이렇게 중간에 아무 것도 없이 빛을 통해 열을 전달하는 방식을 열의 복사라고 부릅니다.

열이 이동되는 방식에는
전도, 대류, 복사 세 가지가 있습니다.

지구의 온도가 일정한 이유

지구는 나이가 45억 살입니다. 그렇다면 지구는 45억 년 동안 태양빛을 받아 왔다는 얘기군요. 이렇게 오랫동안 빛을 받았다면 지구는 엄청 뜨거워져서 사람이 살 수 없는 것 아닐까요?

태양이 뜨거워져서 나오는 빛이 지구로 전달되는 것이 복사이니까 태양에서 나오는 빛에너지를 태양의 복사에너지라고 부릅니다. 뜨거워진 물체는 복사에너지를 방출하지요. 하지만 태양의 복사에너지가 모두 지구에 들어오는 것은 아닙니다. 태양에서 지구로 오는 복사에너지를 100이라고 한다면 그 중 30은 대기권에서 반사되고 70만 지구로 들어오지요.

그 정도만 들어와도 지구는 엄청 뜨거워지지 않을까요? 70의 복사에너지가 모두 지구에 흡수되기만 하면 그렇겠지만 그렇지는 않습니다. 태양의 복사에너지를 받은 지구도 뜨거워져서 복사에너지를 방출합니다.

좀 더 정확하게 말하면 대기권으로 들어온 70의 에너지 중 20은 성층권에 있는 오존층에서 흡수되고 나머지 50이 지표로 들어와 육지와 바다를 뜨겁게 만들지요. 뜨거워진 육지와 바다도 복사에너지를 방출하는데 이 중 일부는 대기권을 뚫고 우주로 나가지만 대부분은 대기에 있는 수증기나 이산화탄소에 흡수됩니다. 뜨거워진 대기는 다시 복사에너지를 땅이나 우주로 방출하면서 땅과 대기가 서로 열을 주고받아 대기와 땅의 온도가 거의 일정하게 유지되는 것입니다.

제6장

기압과 관련된 사건

고도와 기압_ 억울한 승부

높은 지대의 경기장 때문에 경기에 진 농구팀은 누구를 고소해야 할까요?

토네이도 이야기_ 토네이도 비상 사건

토네이도 때문에 지붕이 날아가 아이들이 솟구쳐 올랐다면 누구의 책임일까요?

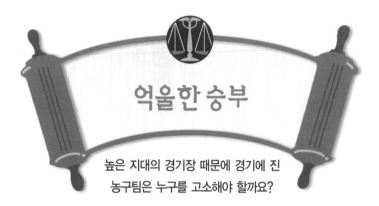

억울한 승부

높은 지대의 경기장 때문에 경기에 진
농구팀은 누구를 고소해야 할까요?

사건
속으로

최근 과학공화국에 농구 열풍이 불자 농구협회는 프로 농구
팀을 만들기로 결정했다. 그리하여 수도인 사이언스 시티의
사이언스 라이온즈를 비롯하여 20개의 프로 농구팀이 자신
의 연고지를 중심으로 창단되었다.

드디어 사이언스 라이온즈와 대빵 파이팅 팀과의 개막전이
열리고 10개 팀씩 두 개의 지구로 나뉘어 양대 리그가 시작
되었다. 석 달 동안의 대장정 끝에 피즈리그의 우승은 화려
한 개인기를 자랑하는 농구 천재 마이콜 쿼크가 있는 사이언

스 라이온즈가 차지했고 지오리그의 우승은 특출난 기량을 가진 선수는 없지만 팀웍이 안정된 헤이트 에베레스트 팀이 차지했다.

이제 두 팀이 5전 3선승제로 초대 챔피언을 가리게 되어 있었다. 사이언스 시티에서 열린 두 경기는 마이콜 쿼크가 경기 당 50득점을 하는 활약에 힘입어 사이언스 라이온즈의 승리로 끝나 라이온즈의 우승이 거의 눈앞에 보였다.

이제 라이온즈는 헤이트 시티에서의 3연 전에서 1승만 거두면 우승이 확정되는 순간이었다. 마이콜 쿼크를 중심으로 라이온즈는 에베레스트 팀과 3차 전을 벌였지만 전반을 마친 후 선수들이 지쳐 큰 점수차로 에베레스트 팀에게 졌다. 이렇게 사이언스 라이온즈는 세 경기를 모두 내주어 우승을 놓쳤다.

사이언스 라이온즈는 헤이트 시티가 해발 고도 삼천 미터인 고지대여서 정상적인 농구경기를 하기 힘들어서 자신들이 패했다며 헤이트 에베레스트 팀과 경기가 무효라고 주장했다. 그리하여 이 사건은 지구법정으로 넘어갔다.

사람은 많은 양의 공기를 이고 다닙니다.
고도가 높아질수록 공기가 줄어들어 대기압도 작아집니다.

기압이란 무엇일까요? 높은 곳에서는 기압이 낮다고 하는데 그 이유는 또 무엇일까요? 지구법정에서 알아봅시다.

지구짱 판사

지치 변호사

어쓰 변호사

🌎 피고 측 변론하세요.

👩 농구는 골대에 골을 많이 넣으면 이기는 경기입니다. 그러므로 슛을 잘하는 선수가 많고 좋은 슛을 쏠 수 있도록 패스를 잘하는 선수가 있는 팀이 승리합니다. 농구 선수는 계속 코트를 뛰어다녀야 하기 때문에 체력소모가 다른 경기에 비해 큰 편입니다. 그렇기 때문에 선수들은 체력훈련을 열심히 하죠. 농구의 승패는 실력과 체력이라는 간단한 요인에 의해 결정되지 코트가 높은 곳에 있든 낮은 곳에 있든 그것은 영향을 끼치지 않는다고 생각합니다. 그러므로 원고 측의 주장은 타당성이 없다고 생각합니다.

🌎 원고 측 변론하세요.

👨 농구 경기가 높이에 영향을 안 받는다는 주장은 피고 측 변호사의 주관적인 생각입니다. 농구 경기와 높이와의 관계를 위해 대기압연구소의 이기압 박사를 증인으로 요청합니다.

키가 무척 큰 이기압 박사가 증인석에 앉았다.

증인은 어떤 일을 하고 있습니까?

저희 연구소는 지역에 따라 다른 높이에 따라, 대기압을 연구하고 있습니다.

대기압이 뭐죠?

공기가 누르는 압력입니다. 우리 지구는 두터운 공기로 둘러싸여 있습니다. 이런 걸 대기라고 합니다. 공기는 무게를 가지고 있으니까 이 공기들이 우리를 누르겠죠? 이 공기들이 우리를 누르는 압력이 바로 기압입니다.

사람 한 명이 받는 공기의 무게는 얼마죠?

대략 500킬로그램짜리 물체를 머리에 이고 다니는 정도의 공기의 무게를 받습니다.

500킬로그램이라면 자동차 한 대의 질량인데 사람들이 그 정도로 무거운 걸 머리에 이고 다닌다고요? 그런데 왜 사람들이 짜부라지지 않는 거죠?

사람 몸속에서 공기가 누르는 대기압과 같은 크기로 버티는 힘이 있기 때문이죠. 마치 책상 위의 책이 안 떨어지는 것과 같습니다. 지구가 책을 잡아당기는 힘과 책상이 책을 떠받치는 힘이 크기는 같고 방향은 반대여서 평형을 이루는 것처럼 말이죠.

이해가 갑니다. 그럼 높은 곳으로 올라가면 대기압이 달라집니까?

😎 물론입니다. 위로 올라갈수록 공기가 줄어들기 때문에 공기가 누르는 대기압도 작아집니다.

🤓 선수를 누르는 힘이 작아지면 선수들에게는 좋은 거 아닌가요?

😎 사람의 몸은 보통의 대기압을 견딜 수 있도록 조절되어 있습니다. 갑자기 대기압이 줄어들게 되면 사람 몸속의 압력과 밖에서 사람에게 작용하는 대기압의 불균형이 생겨 고막을 비롯한 여러 기관의 기능이 그 변화에 잘 적응하지 못하게 됩니다.

🤓 그럼 기압 때문에 농구 경기에 질 수도 있겠군요.

😎 물론입니다. 낮은 기압에 잘 적응이 되지 않으면 원래의 실력을 유지할 수 없지요. 기압이 낮은 이유가 공기가 줄어들어 그런 것이니 만큼 호흡이 힘들어질 수도 있습니다.

🤓 에베레스트 팀의 경기장은 아주 높은 지대에 있습니다. 그러니까 다른 지역에 비해 기압이 낮습니다. 언뜻 생각하면 기압이 낮으면 유리할 것으로 생각하기 쉬우나 우리가 비행기를 타고 올라가면서 기압이 낮아지면 귀가 아프고 어질어질 해지는 것처럼 몸 상태가 정상적이지 않게 됩니다. 이로 인해 평소의 실력을 내지 못해 라이온즈 팀이 경기에 진 것으로 여겨지므로 재경기를 하는 것이 당연하다고 생각합니다.

🦁 프로 팀들은 여러 도시를 연고로 하고 있습니다. 어떤 팀은 에베레스트처럼 고지대 도시를 연고로 하고 있고, 또 어떤 팀은 낮은 지대의 도시를, 또 어떤 팀은 바닷가 도시를, 또 어떤 팀은 사막에 있는 도시를 연고로 하고 있지요. 그래서 우리는 자신의 도시에 있는 경기장에서 홈게임을 치르고 다른 도시에서 어웨이게임을 치릅니다. 공정한 조건을 위해서죠. 물론 에베레스트 팀의 경기장은 아주 높은 지대에 있어 다른 팀들이 불편해 합니다. 하지만 공정한 조건에 의해 그곳에서의 경기가 결정된 만큼 프로 선수라면 그런 기압의 변화에 적응할 수 있도록 자신의 몸을 만들 의무가 있다고 여겨져 원고 측의 재경기 요구는 받아들일 수 없다고 판결합니다.

사이언스 라이온즈는 재판에 승복했다. 그들은 다음 시즌을 준비하기 위해 높은 산 위에 연습장을 만들어 일 년을 준비했다. 그리고 다음 해 사이언스 라이온즈는 전승으로 우승했다.

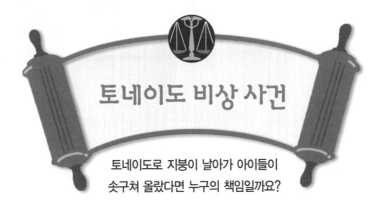

토네이도 비상 사건

토네이도로 지붕이 날아가 아이들이
솟구쳐 올랐다면 누구의 책임일까요?

**사건
속으로**

과학공화국 중부는 매년 여름만 되면 거대한 토네이도가 자
주 발생해 피해가 심각했다. 중부지방은 거대한 논이 있어
과학공화국 최대의 곡창지대였다.

조기압 씨는 사이언스 시티에서 유치원을 운영하고 있다. 아
직은 차린 지 얼마 안 되어 규모가 크지 않고 전체 유치원생
수는 20명에 불과했다.

조기압 씨는 농사짓는 모습을 보여 주기 위해 아이들을 인솔
하여 중부지방의 곡창지대로 갔다. 아이들과 조기압 씨는 조

그만 나무로 된 이층집에서 며칠간 묵기로 했다.

그 집은 통나무로 된 집이어서 아이들의 건강에 좋아 보였다. 또한 지하실이 아주 커서 웬만한 짐은 모두 지하실에 넣어 둘 수 있었다.

조기압 씨는 아이들과 하루 동안 농사현장을 견학하고 숙소로 돌아왔다. 그때 비상벨 소리가 울렸다.

"토네이도 출현, 토네이도 출현, 모두 안전한 곳으로 대피하세요."

비상 대책 본부에서 외치는 소리였다. 조기압 씨는 성급히 밖으로 나가 보았다. 저 멀리에서 토네이도가 다가오고 있었다. 조기압 씨는 서둘러 20명의 어린이들을 일 층 기둥에 묶었다. 점점 바람이 심해져 집이 큰 폭으로 흔들리고 있었다. 조기압 씨는 20명의 어린이를 모두 묶고 자신의 몸도 기둥에 묶었다. 드디어 강한 토네이도의 바람이 집을 덮쳤다. 이층이 통째로 날아가더니 갑자기 아이들과 조기압 씨가 토네이도의 강한 바람에 빨려 올라갔다.

다행히 아주 높은 곳까지 올라가지는 않았지만 위로 솟구쳐 올라갔다가 바닥으로 떨어진 아이들은 크게 다쳐서 병원에 입원했다.

아이들의 부모는 조기압 씨가 안전관리를 소홀히 하여 아이들이 다쳤다며 조기압 씨를 지구법정에 고소했다.

강한 토네이도는 커다란 트럭이나 지붕을 날려 버리기도 합니다.
아주 빠른 속도로 공기를 밀어내기 때문입니다.

토네이도란 무엇일까요? 그리고 왜 토네이도 때문에 지붕이 날아
갈까요? 지구법정에서 알아봅시다.

지구짱 판사

지치 변호사

어쓰 변호사

 피고 측 변론하세요.

토네이도는 우리가 피할 수 없는 천재지변입니다. 조
기압 씨는 토네이도로부터 아이들이 다치지 않게 아이들을
기둥에 묶는 등 최선을 다했습니다. 토네이도 바람의 속도는
우리가 상상할 수 없는 속도입니다. 센 토네이도는 커다란
트럭을 날려 버릴 정도라고 하니까요. 이번에 발생한 토네이
도도 그리 작은 규모는 아니었습니다. 그러므로 아이들을 묶
은 기둥과 천장이 날아가 이번 사고가 일어난 만큼 이 사고
는 누구도 피할 수 없었던 것으로 인정되므로 조기압 씨에게
책임을 물을 수 없다는 것이 본 변호사의 주장입니다.

원고 측 변론하세요.

아트모스 연구소의 기압차 박사를 증인으로 요청합
니다.

눈이 날카로운 기압차 박사가 증인석에 앉았다.

 증인은 어떤 일을 하고 있습니까?

 저희 아트모스 연구소는 두 곳의 기압 차가 생길 때 벌

어지는 상황을 연구하고 있습니다.

😀 구체적으로 어떤 일이 벌어지죠?

😮 기압이란 공기가 누르는 압력입니다. 압력이란 힘을 넓이로 나눈 것이므로 기압은 단위면적에 공기가 작용하는 힘입니다.

😀 좀 더 쉽게 설명해 주시겠습니까?

기압차 박사는 법정 앞에 있는 탁자의 한쪽을 밀었다. 탁자가 움직였다.

😮 제가 이 탁자를 밀면 탁자가 움직입니다. 그건 미는 힘을 받기 때문이죠. 죄송하지만 변호사님이 제 반대쪽에서 탁자를 밀어 주시겠습니까?

두 사람이 탁자를 밀었다. 탁자는 움직이지 않고 제자리에 있었다.

😮 탁자가 안 움직이죠? 그건 바로 우리 둘이 미는 힘의 크기는 같고 방향은 반대여서 두 힘이 평형을 유지하기 때문입니다. 이렇게 하나의 물체에 반대방향으로 똑같은 크기의 압력이 걸리면 물체는 가만히 있습니다.

이번 사건도 압력의 차이와 관계 있습니까?

그렇습니다. 평상시 집 지붕은 위에서 공기가 누르는 압력(대기압)과 집안의 공기가 지붕을 위로 미는 압력이 평형을 이루고 있습니다. 그래서 지붕이 안 날아가는 거죠.

그럼 토네이도 때문에 지붕이 날아갈 수 있다는 건가요?

바로 그겁니다.

기압차 박사는 두 변호사를 불러 자신과 반대방향으로 탁자를 밀게 했다. 탁자는 두 변호사가 미는 방향으로 움직였다.

탁자가 움직인 건 두 변호사님이 탁자를 미는 힘이 저혼자 탁자를 미는 힘보다 크기 때문입니다. 그래서 더 힘이 약한 쪽으로 탁자가 움직인 것입니다.

토네이도와의 관계는 무엇이죠?

토네이도는 아주 빠른 속도로 공기를 밀어냅니다. 토네이도가 집을 덮치면 지붕 위의 공기가 순간적으로 밀려나 지붕을 누르는 압력이 줄어듭니다. 반면에 집안 공기의 압력은 일정하니까 지붕을 위로 미는 압력이 지붕을 누르는 압력보다 커지게 되죠. 그래서 지붕이 날아가고 집안에 있던 물체들이 위로 솟구치게 되는 것입니다.

🧑 보통 지붕은 위에서 누르는 공기의 압력과 아래서 위로 미는 집안의 공기의 압력이 평형을 이루어 제자리에 고정되어 있습니다. 하지만 토네이도와 같은 빠른 바람은 순간적으로 지붕 위의 공기를 밀어냅니다. 그로 인해 공기가 지붕을 위에서 누르는 힘이 약해져서 지붕이 위로 들어 올려집니다. 그러므로 토네이도가 집을 덮칠 때 일 층은 안전하지 않습니다. 당연히 조기압 씨는 지하로 아이들을 대피시켰어야 했습니다. 그러므로 아이들이 다친 것은 조기압 씨의 잘못된 판단 때문이라는 것이 본 변호사의 주장입니다.

🦁 토네이도는 자연재해입니다. 그러므로 사람의 힘으로 토네이도를 막을 수는 없습니다. 그러므로 힘이 없는 우리 인간은 무시무시한 자연의 요상한 바람으로부터 날아가지 않도록 대피해야 합니다. 특히 어린아이들을 인솔한 조기압 씨는 적절한 대피 방법으로 아이들이 다치지 않게 했어야 합니다. 하지만 조기압 씨는 기압차에 의해 지붕과 일 층의 물건들이 위로 솟구쳐 올라갈 것이라는 것을 몰랐고, 그것이 이번 사고를 만들었습니다. 하지만 조기압 씨가 아이들을 구하기 위해 아이들 한 명 한 명을 기둥에 묶는 등 최선을 다한 점이 인정되어 다음과 같이 판결합니다. 아이들의 병원비는 토네이도 대피 요령을 가르치지 않은 정부에서 책임지는 것으로 하고 조기압 씨는 아이들의 부모들을 만나 정중하게 사

과할 것을 선고합니다.

정부는 아이들의 병원비를 지불했다. 그리고 토네이도 교육실을 만들어서 전국의 초등학생과 선생님들에게 토네이도에 대한 모든 것을 가르치게 되었다. 조기압 씨는 토네이도에 대한 모든 자료를 연구하여 토네이도학 박사가 되었고, 토네이도 교육실의 초대 책임자로 임명되었다.

기압의 신비

대기압이란 대기가 누르는 압력입니다. 지구는 두터운 공기 층에 싸여 있고 공기분자들은 질량을 가지고 있기 때문에 그 무게로 우리를 누르는 거지요. 물론 우리 몸은 그런 압력에 견딜 수 있도록 익숙해져 있습니다.

대기압을 눈으로 볼 수 있을까요?

한쪽 끝이 막힌 길이가 1m인 유리관에 수은을 가득 채우고 열려 있는 끝 부분을 손가락으로 막은 다음 이것을 거꾸로 들어 유리관의 끝 부분이 그릇 속의 수은에 살짝 담기도록 세우고 손가

수은 76cm의 무게가 누르는 압력을
1기압이라고 합니다.

락을 떼어 보세요. 처음 1m의 높이까지 있던 유리관의 수은이 아래로 내려와 높이 76cm에서 멈출 것입니다.

무게 때문에 수은이 내려온 거죠. 왜 끝까지 내려오지 않고 내려오다가 멈추었을까요? 그것은 그릇 위의 공기가 수은을 누르기 때문입니다. 즉 76cm의 수은의 무게 만큼을 공기가 누르고 있는 거죠. 그러니까 대기압은 수은 76cm의 무게에 의한 압력과 같습니다.

보통의 경우 수은 76cm의 무게가 누르는 압력에 해당되는 대기압을 받게 되는데 이것을 1기압이라고 하고 76cmHg라고 씁니다. 여기서 Hg는 수은의 원소기호입니다.

그런데 일기예보에서는 기압의 단위로 헥토파스칼(hPa)을 많이 사용하지요. 1기압을 헥토파스칼로 나타내면 다음과 같습니다.

1기압 = 1013hPa

여기서 1013은 어떻게 나왔을까요? 수은의 비중은 수은의 무게를 부피로 나눈 값인데 수은의 무게는 수은의 질량에 9.8㎧을 곱한 값입니다. 그러니까 수은의 비중은 수은의 밀도 13.6g/㎤에 9.8㎧을 곱한 값이죠. 단위가 다르니까 통일해 봅시다. 1g=0.001kg이고 1cm=0.01m이니까 수은의 밀도는 13600kg/㎥이고 여기에 9.8㎧을 곱하면 수은의 비중은 133280N/㎥가 됩니다. 압력 = $\dfrac{무게}{넓이}$ 이므로 수은의 비중에 높이를 곱하면 그게 바로 수은기둥이 작용하는 압력입니다.

다시 말해 수은의 무게는 수은의 비중과 부피의 곱이니까 수은 기둥의 높이에 비중을 곱하면

$$높이 \times 비중 = 높이 \times \dfrac{무게}{부피}$$

이고 부피는 바로 기둥의 단면의 넓이와 높이의 곱이니까

$$높이 \times 비중 = \dfrac{무게}{단면의\ 넓이} = 압력$$

이 되지요. 높이와 비중의 곱은 약 101300N/㎡이고, 이때 N/㎡를 압력의 단위 파스칼(Pa)이라고 합니다. 그리고 그것의 100배를 헥토파스칼이라고 하고 hPa라고 쓰니까 1기압은 1013hPa이 됩니다.

바람과 관련된 사건

샌드국의 모래폭풍

샌드국의 황사 때문에 피해를 본 압달시
시민들은 누구를 고소해야 할까요?

**사건
속으로**

과학공화국 국민들은 봄을 싫어한다. 다른 나라의 사람들은
추위가 풀리는 봄을 좋아하지만 이들이 봄을 싫어하는 데는
그만한 이유가 있다. 과학공화국은 북반구의 중위도 지방에
위치하고 있는데 과학공화국의 왼쪽에는 거대한 사막의 나
라 샌드국이 있다. 샌드국은 누런 모래로 뒤덮인 나라여서
황사국이라는 이름으로도 불렸다.

샌드국의 거대한 모래 바람이 과학공화국으로 날아오는 시
기는 봄이었다. 이 바람이 부는 것을 황사현상이라고 부르는

데 봄에는 사람들이 외출 할 때 눈이 따가울 정도로 황사가 심했다.

샌드국과의 국경지대에 위치한 압달시의 경우는 그 피해가 최고로 심각해 눈병으로 입원하는 사람이 너무 많아 병원의 90%가 안과일 정도였다. 또한 빨래를 베란다에 잠시만 걸어 두어도 황사로 인해 누렇게 변해버리고 흰옷을 입고 나가도 한두 시간 뒤에는 옷이 누런 색으로 변할 정도였다.

그러던 어느 날 압달시에 큰 피해자가 나타났다. 유달리 시력이 안 좋은 김약시 씨는 작업장 인부로 일하는데 그날도 그는 시내 공터에서 흙을 트럭에 싣는 작업을 하고 있었다. 그날 역사상 가장 강한 황사가 불어와 주위의 흙과 황사가 섞여 김약시 씨의 눈에 튀었고, 이로 인해 그는 시력을 완전히 잃어버렸다.

김약시 씨는 황사로 인해 시력을 잃었다며 샌드국에 손해배상을 청구했고, 이 사건은 지구법정으로 넘어갔다.

사막의 누런 모래가 강한 이동성 고기압을 타고
국경을 넘기도 합니다. 이를 황사라고 하지요.

어떻게 샌드국 사막의 모래가 압달시까지 날아올까요? 또 황사는 무엇일까요? 지구법정에서 알아봅시다.

지구짱 판사

지치 변호사

어쓰 변호사

재판을 시작합니다. 피고 측 변론하세요.

지구 상의 어떤 나라도 완벽한 조건을 갖추고 있지는 않습니다. 어떤 나라는 바다로 둘러싸여 있는가 하면 어떤 나라는 대륙의 복판에 있어 바다 구경을 할 수 없는 나라도 있습니다. 어떤 나라는 비옥한 농토를 가지고 있는가 하면 샌드국처럼 모래투성이의 거대한 사막을 가지고 있는 나라도 있습니다. 샌드국은 농사를 지을 수 있는 땅이 거의 없습니다. 국토의 대부분이 사막이기 때문입니다. 따라서 샌드국은 아름다운 사막을 통한 관광수익을 올려 그 수입으로 다른 나라로부터 농산물을 수입하여 살아가는 나라입니다. 샌드국의 모래가 과학공화국의 압달시로 날아갔다고 하는데 샌드국 사막의 중심에서 압달시까지의 거리를 보면 그 먼 거리를 무거운 모래가 날아갔다고 생각하는 데는 무리가 있다고 봅니다. 따라서 이번 사건이 샌드국과 무관하다는 것이 본 변호인의 생각입니다.

원고 측 변론하세요.

과연 그럴까요? 고기압연구소의 이동성 박사를 증인으로 요청합니다.

이동성 박사가 증인석에 앉았다.

증인이 하는 일을 간략히 소개해 주십시오.

저희 연구소는 여러 종류의 고기압에 대한 연구를 하고 있습니다.

고기압이라면 주위보다 기압이 높은 곳 아닌가요?

맞습니다. 보통 고기압의 중심이 기압이 높아 공기들이 밖으로 도망치죠. 그러니까 위로 올라가는 공기가 없어 구름이 안 만들어지고 그러니까 비도 안 오죠.

그래서 고기압일 때 날씨가 맑은 것이군요.

그렇습니다.

그럼 이번 사건에 대해 어떻게 생각하십니까?

샌드국의 누런 모래가 이동성 고기압을 타고 압달시로 날아온 것으로 보입니다.

이동성 고기압이 뭐죠?

고기압의 중심이 제자리에 있는 걸 정체성 고기압이라고 하고, 어떤 방향으로 움직이는 걸 이동성 고기압이라고 합니다.

어떻게 누런 모래가 압달시로 오는 거죠?

샌드국은 사막지대라 아주 건조합니다. 그러다 보니 공기들이 모여 있게 되어 강한 고기압이 형성되지요. 고기압의 중심은 주위보다 기압이 높죠. 즉 공기들이 다른 곳보다 많다는 겁니다. 그러니까 주위에 기압이 낮은 곳으로 빠르게 공기들이 몰려갑니다. 즉 강한 바람이 부는 거죠.

😳 그 바람이 이 사건과 관계가 있나요?

😀 그 강한 바람이 사막의 누런 모래를 날리게 하고 결국 모래가 공기에 섞이게 됩니다. 만일 이 고기압이 제자리에 있으면 아무 문제가 없는데 이것이 압달시 방향으로 계속 이동한다는 겁니다.

😳 그럼 모래가 섞인 바람도 함께 이동하겠군요.

😀 바로 그겁니다. 그 누런 모래를 황사라고 하니까 이런 현상을 황사현상이라고 부르는 거죠.

😳 그것을 막을 수 있는 방법은 없습니까?

😀 현재로서는 불가능합니다. 샌드국이 사막지대가 아니라면 나무를 심어 황사현상을 좀 줄여 볼 수 있지만 샌드국의 사막에는 나무를 심을 수 없으니까 이 방법도 안 되고요. 또 겨울에 눈이라도 내려 주면 봄에 공기가 건조하지 않아 황사가 줄어들 수도 있지만, 샌드국에는 눈이 거의 오지 않으니까 이것도 기대할 수 없습니다.

😳 이번 사건은 샌드국의 거대한 사막에 있는 황사가 이동성 고기압을 타고 날아와 압달 시민들에게 큰 피해를 입힌 사건입니다. 두 나라 사람들이 평화롭게 삶을 영위하기 위해

서는 뭔가 조치가 필요합니다. 어찌 되었던 압달시로 날아온 황사는 샌드국의 것이므로 샌드국이 압달 시민의 피해를 보상할 의무가 있다는 것이 본 변호사의 주장입니다.

지구에서 이동하는 바람을 인간의 힘으로 막을 수는 없습니다. 그것은 자연이 인간보다 더 우위에 있기 때문입니다. 하지만 샌드국의 황사가 계속 압달 시민들의 생활을 방해하게 방치할 수는 없습니다. 그러므로 다음과 같이 판결합니다. 과학공화국과 샌드국이 공동으로 압달시에 방사벽을 설치하여 황사가 압달시로 들어오지 못하게 할 것을 선고합니다.

재판 후 샌드국과 과학공화국은 공동의 비용으로 세계 최대의 방사벽을 설치했다. 샌드국에서 날아온 황사는 모두 방사벽에 부딪쳐 압달시로 넘어오지 못했다. 그리고 샌드국의 사막은 입장료를 받기 시작했는데 그것은 방사벽 비용을 충당하기 위해서였다.

로스시 왕복 비행 사건

갈 때 올 때 비행시간이 다르면
비행 요금을 어떻게 해야 할까요?

**사건
속으로**

과학공화국이 있는 아시오 대륙과 이코미국이 있는 대륙 사이에는 거대한 바다가 있어 이코미국으로 여행을 가기 위해서는 어쩔 수 없이 비행기를 타야만 했다. 과학공화국이나 이코미국이나 거의 같은 위도에 위치해 있었고, 이코미국이 서쪽에 있었기 때문에 비행기는 지구가 자전하는 방향으로 거의 수평으로 난 항공로를 따라갔다.

자린고비로 소문나 물건 값을 깎지 않고는 좀처럼 물건을 사지 않기로 소문난 김짠돌 씨는 이코미국으로 유학간 아들의 졸업식 때문에 어쩔 수 없이 비싼 항공료를 내고 이코미국 서부의 로스시에 가야 했다.

처음 타 보는 비행기지만 비싼 비행기 요금에 기분이 상했다. 김짠돌 씨는 11시간이 걸려 로스시에 도착했다. 김짠돌 씨는 아들의 졸업식에 참석하고 곧바로 과학공화국으로 돌아가는 비행기를 탔다. 돌아올 때는 같은 항로를 따라 왔는데 한 시간이 적게 걸려 10시간 만에 과학공화국에 도착했다.

공항에 도착한 김짠돌 씨는 자신이 탄 PAL 항공 사무소로 가서 직원에게 말했다.

"1시간 비행기 요금을 돌려줘요."

"무슨 소리죠?"

직원이 놀라 물었다.

"로스시를 갔다 왔는데 갈 때는 11시간 걸렸고 올 때는 10시간 걸렸소. 올 때 한 시간 적게 걸렸으니까 비행기를 한 시간 덜 이용한 것 아니오. 그러니까 한 시간 비행기를 덜 사용한 돈을 돌려달라는 거요."

직원은 깜짝 놀랐다. 처음 겪어보는 일이기 때문이었다. 하지만 김짠돌 씨가 너무 강경하게 주장하여 결국 이 사건은 지구법정에서 해결해야 했다.

지구의 자전에 의해 영향을 받는 편서풍은
비행기의 흐름을 도와주기도 하고 방해하기도 합니다.

지구의 자전방향으로 비행할 때와 반대방향으로 비행할 때 비행시간이 달라지는 이유는 무엇일까요? 지구법정에서 알아봅시다.

지구짱 판사

지치 변호사

어쓰 변호사

 피고 측 변론하세요.

 비행기 요금은 편도와 왕복으로 나뉘어져 있습니다. 편도란 가는 비행기 요금을 말하고 왕복이란 갔다 왔다 하는 요금을 말합니다. 비행기 회사마다 왕복 티켓을 끊는 경우에는 조금씩 할인해 주고 있습니다. 그러므로 왕복 요금을 계약했을 때는 가는 데 걸리는 시간과 오는 데 걸리는 시간이 달라지는 문제는 중요치 않다는 것이 본 변호사의 주장입니다.

 원고 측 변론하세요.

 제트연구소의 김편서 박사를 증인으로 요청합니다.

김편서 박사가 증인석에 앉았다.

 과학공화국에서 서쪽에 있는 이코미국으로 비행할 때 갈 때 올 때 시간이 달라집니까?

 그렇습니다.

 왜죠?

 흐르는 강물에서 강물을 따라 배를 저어 내려갔다 다시 원래의 위치로 돌아왔다고 합시다. 그럼 갈 때와 올 때 시간이 같은가요?

당연히 다르죠. 갈 때는 강물이 밀어 주니까 빠르고 거꾸로 올라갈 때는 강물이 방해하니까 느려지죠.

바로 그겁니다.

무슨 말이죠?

이코미국과 과학공화국 사이에는 편서풍이라는 바람이 붑니다. 이 바람은 서쪽에서 불어오는 바람이니까 서쪽으로 갈 때 그러니까 이코미국으로 갈 때는 편서풍이 방해를 해서 비행기가 느려지고 돌아올 때는 편서풍이 밀어주니까 더 빨라지는 거죠.

그럼 돌아올 때는 연료를 조금 덜 쓰겠지요?

강물에서 배를 저어 갈 때를 보죠. 강물이 흐르는 방향으로 갈 때는 노를 젓지 않아도 저절로 배가 가지 않습니까?

그렇군요. 그럼 편서풍 때문에 비행기 회사들은 동쪽으로 비행할 때 연료를 아낄 수 있었겠군요. 존경하는 재판장님. 자전거로 내리막길을 갈 때는 같은 길을 올라갈 때보다 페달을 덜 밟아도 됩니다. 그러니까 에너지의 이득이 생깁니다. 마찬가지로 편서풍이 밀어줄 때는 그만큼의 비행기 연료를 덜 사용해도 비행이 되기 때문에 갈 때 올 때 비행기 요금을 같게 책정한 현행 비행기 요금은 잘못되었다는 게 본 변호사의 주장입니다.

🧑‍⚖️ 원고 측 변호사의 얘기처럼 편서풍의 도움을 받아 이코미국에서 돌아올 때 연료를 줄이는 건 사실입니다. 하지만 반대로 이코미국으로 갈 때 이 바람이 비행기에게는 저항처럼 작용합니다. 즉 비행기의 연료를 더 소비하게 만들 것입니다. 그러므로 어찌 보면 갈 때 이득을 본 연료를 올 때 손해본다고 생각할 수 있습니다. 하지만 정확하게 갈 때 올 때 연료 소비의 차이가 얼만지를 승객들에게 알렸어야 할 것입니다. 하지만 지금의 비행기 요금은 그런 것을 고려하지 않고 오로지 비행거리에 비례하여 책정하는 것으로 되어 있습니다. 그러므로 PAL항공은 갈 때 요금과 올 때 요금을 다르게 책정하여 왕복요금을 받는 것으로 비행기 요금체계를 개편할 것을 권고합니다.

재판 후 PAL항공에서는 과학공화국에서 이코미국으로 가는 요금과 돌아오는 요금을 다르게 책정했다. 이로 인해 이코미국에서 과학공화국으로 오는 편도 요금은 할인되었고, 반대로 과학공화국에서 이코미국으로 갈 때는 더 많은 요금을 지불해야 했다.

도서관 장서를 보호하라

산골에 있는 도서관에서 책을 잘
보존하는 방법은 무엇일까요?

**사건
속으로**

과학공화국은 그동안 사이언스 시티에 있던 과학도서관을
경치가 좋은 산골로 이전할 계획을 세웠다. 그것은 최근 사
이언스 시티의 스모그와 자동차 공해로 인해 오래된 과학도
서를 제대로 보관하기가 어려웠기 때문이었다.

과학도서관에는 수천 년 전 위대한 과학자가 쓴 원본을 포함
해 다양한 과학고전들을 비치하고 있었는데, 오래된 책의 원
형을 보존하는 데는 많은 어려움이 있었다. 특히 책의 경우
에는 온도와 습도가 중요한 역할을 하는데 사이언스 시티는

공해 때문에 유리창을 열어 두지 못할 지경에 이르렀다. 그래서 자연의 바람을 이용하여 책을 오랫동안 좋은 상태로 보존할 수 있는 장소가 필요했다.

과학도서관의 이전 공사가 시작되었다. 장소는 산바람과 골바람이 잘 부는 공화국 중부의 마운밸리 중턱으로 결정되었고 공사는 아무러케 건설이 맡았다.

드디어 공사가 완공되고 많은 과학도서들이 조심스럽게 마운밸리의 도서관으로 옮겨졌다. 마운밸리의 이대로 도서관장은 낮과 밤으로 하루에 두 번 유리창을 열어 도서관의 책에 신선한 계곡의 바람이 들어오게 하였다.

이렇게 몇 년이 지났다. 그리고 정부에서 도서 감사단이 형성되어 전국의 도서관의 장서 상태를 점검하는 시기가 되었다. 마운밸리 도서관에도 정부 감사단이 왔다.

이대로 도서관장은 감사단을 데리고 장서가 보관된 서고로 갔다. 감사단은 도서관의 모든 책들의 상태를 꼼꼼히 점검했다. 그런데 문제가 발생했다. 오래된 과학도서 대부분이 습기로 눅눅해져서 글자를 읽을 수 없을 정도로 훼손되어 있었던 것이다.

감사 후 관장직에서 쫓겨난 이대로 관장은 본인의 실직이 잘못된 공사 때문이라며 아무러케 건설을 지구법정에 고소했다.

바람을 잘 이용하면 첨단의 장치 없이도
자연의 힘으로 습도를 조절할 수 있습니다.

마운밸리 도서관의 책들이 훼손된 이유는 무엇일까요? 지구법정에서 알아봅시다.

지구짱 판사

지치 변호사

어쓰 변호사

 피고 측 변론하세요.

 도서관은 책을 보관하는 곳입니다. 책의 종이는 습기에 약해 곰팡이가 생기기 쉽기 때문에 책을 보관할 때는 적당히 건조한 상태를 유지하며 습도를 조절하는 것이 필요합니다. 물론 이런 관리는 도서관장이 해야할 몫입니다. 아무러케 건설은 마운밸리에 정부에서 원하는 대로 도서관을 지었고 환기를 위해 대형 유리창을 설치해 주었습니다. 그러므로 이 사건은 적절하게 습도를 조절하는 것을 게을리한 도서관장의 책임이지 아무러케 건설의 책임은 아니라고 생각합니다.

 원고 측 변론하세요.

 라이브 건축의 기술이사인 도서지 박사를 증인으로 요청합니다.

도서지 박사가 증인석에 앉았다.

 증인은 많은 도서관의 건축 설계를 맡았죠?

그렇습니다.

👓 도서관 설계에서 제일 중요한 것은 무엇입니까?

🤓 적당한 온도와 습도를 유지하는 것입니다. 온도는 자동 온도 조절기에 의해 일정 온도를 유지할 수 있고 습도도 제습장치에 의해 조절할 수 있습니다.

👓 이번 마운밸리 도서관에는 그런 두 장치가 있었습니까?

🤓 제가 현장을 둘러 본 바로는 없었습니다.

👓 그럼 어떻게 습도를 유지하죠?

🤓 마운밸리 도서관은 아래로는 골짜기이고 위로는 산입니다. 도서관으로 최고의 명당입니다. 그러므로 설계만 잘하면 첨단의 장치 없이도 자연의 힘으로 습도를 조절할 수 있습니다.

👓 그게 무슨 말이죠?

🤓 마운밸리와 같은 산악지대에는 두 종류의 바람이 있습니다.

👓 그게 뭐죠?

🤓 하나는 산에서 아래로 불어오는 산바람이고, 또 하나는 골짜기에서 위로 불어오는 골바람입니다. 낮에는 골짜기가 산보다 더 빨리 뜨거워지니까 골짜기에서 산 위로 부는 골바람이 불고 밤에는 반대로 산에서 아래로 부는 산바람이 붑니다.

그럼 설계에 어떤 문제가 있었던 거죠?

저희가 현장을 조사해 본 바로 마운밸리 도서관은 골짜기에서 산으로 올라가는 비탈에 세워져 있는데 골짜기로 향하는 창과 산으로 향하는 창이 아주 크게 만들어져 있었습니다.

환기를 위한 거겠죠? 그게 무슨 문제가 됩니까?

산골짜기에서 자연의 바람에 의해 책을 잘 보관하려면 골짜기로 두 개의 유리창을 내야 하는데 위쪽은 크게 아래쪽은 작게 만들어야 합니다. 또 반대로 산꼭대기로 나 있는 두 개의 유리창은 위에는 작게 아래쪽은 크게 만들어야 합니다.

특별한 이유가 있습니까?

물론입니다. 낮에는 골바람이 위로 불어옵니다. 골바람은 습기가 많아 책을 눅눅하게 할 수 있죠. 그러니까 골짜기 쪽의 아래에 있는 작은 유리창으로 이 바람이 조금 들어와 산 쪽의 아래에 있는 큰 유리창으로 빨리 빠져나가게 하여 책이 습기 많은 바람과 오래 만나지 않도록 하고, 밤에는 반대로 건조한 산풍이 부는데, 이때 산 쪽의 큰 유리창으로 들어와 골짜기 쪽의 작은 유리창으로 조금 나가므로 책들이 건조한 바람과 오래 있게 하는 것입니다.

정말 놀라운 습도조절 장치군요. 이렇게 책을 잘 보존하는 좋은 방법이 있음에도 불구하고 아무러케 건설은 오히려 습도를 높여 책을 훼손시키는 도서관을 건설하여 마운밸리 도서관에 큰 피해를 입혔습니다. 장서를 보관하는 도서관은 책의 상태가 오랫동안 잘 유지되도록 설계되어야 합니다. 그러므로 이번 마운밸리 장서 훼손 사건의 책임은 부실시공을 한 아무러케 건설에 있다고 생각합니다.

자연을 잘 이용하면 약이 되고 잘못 이용하면 해가 된다는 것을 이 사건을 통해 배울 수 있었습니다. 즉 계곡에서 부는 바람과 산 정상에서 부는 바람의 성질을 고려했더라면 이런 부실시공은 일어나지 않았을 것입니다. 하지만 아무러케 건설은 그 점을 몰랐던 것 같습니다. 현재 지어진 건물 그 자체에는 큰 문제가 없고 단지 유리창 부분에서 문제가 제기된 만큼 마운밸리 도서관의 재건축은 라이브 건축의 설계로 아무러케 건설이 무료로 공사하는 것으로 판결합니다.

재판 후 도서지 박사의 설계대로 마운밸리 도서관이 다시 지어졌다. 물론 유리창 부분만을 바꾼 것뿐이었다. 하지만 이제 더 이상 눅눅해지는 책은 볼 수 없을 정도로 마운밸리 도서관의 장서들은 깔끔하게 보관될 수 있었다.

대포가 빗나간 이유

지구의 자전 때문에 대포가
빗나갈 수 있을까요?

**사건
속으로**

북반구에 있는 아미공화국은 폭력적인 성격 때문에 다른 나라와의 사소한 마찰을 자주 빚었다. 그러다 보니 아미공화국은 크고 작은 전쟁을 자주 치렀다.

아미공화국은 북반구에서 위도 상으로 가장 길게 분포한 나라였다. 아미공화국의 북쪽은 거의 북극에 가깝고 남쪽은 적도 지방으로 국도의 길이가 7000킬로미터나 될 정도로 기다란 나라였다.

최근 아미공화국은 새로운 장거리 대포를 공업공화국의 롱건 회사에 의뢰했다.

롱건 회사는 세계 최대의 무기 생산 공장을 가지고 있었다. 하지만 아미공화국이 요구한 장거리 대포는 사정거리가 수천 킬로미터가 되는 것이고, 이런 제품은 만들어 본 적이 없어 새로 연구 개발팀을 만들어 작업에 들어갔다.

드디어 사정거리 5000킬로미터의 롱건2라고 불리는 장거리 대포가 만들어졌고, 이 제품은 아미공화국에 전달되었다.

아미공화국의 전사모 대통령은 롱건2의 성능 테스트를 국민들에게 생중계하기로 했다. 하지만 롱건 회사의 관계자는 처음 만든 대포이므로 우선 짧은 거리부터 테스트를 해보고 장거리 테스트를 하자고 건의했다. 롱건 관계자의 만류에도 불구하고 전사모 대통령은 자신의 생일날 예정대로 테스트를 강행했다.

대포는 적도지방에 있는 아미공화국 최남단인 아미고 사막에서 발사되어 북극 방향으로 똑바로 날아가 5000킬로미터 북쪽인 노르드 사막으로 발사되었다.

많은 사람들이 지켜보는 가운데 포탄이 아주 빠른 속도로 날아갔다. 그런데 노르드 사막에 가까워지면서 포탄은 점점 오른쪽으로 향하더니 노르드 사막 동쪽에 있는 비키라 마을에 떨어졌다.

이 오발로 비키라 마을의 많은 가축들이 죽고 마을은 폐허가 되었다. 국민들 앞에서 망신을 당한 전사모 대통령은 롱건2의 결함 때문에 이런 사고가 벌어졌다며 롱건 회사를 지구 법정에 고소했다.

지구는 하루에 한 바퀴를 도는데 이를 자전이라고 합니다.
자전은 지구에서 날아간 물체에 힘을 가합니다.

지구처럼 빙글빙글 도는 곳에서 날아가는 대포 알은 어떤 힘을 받을까요? 지구법정에서 알아봅시다.

 피고 측 변론하세요.

 5000킬로미터라면 어마어마한 거리입니다. 지구 한 바퀴가 4만 킬로미터이니까 그 거리의 8분의 1 정도의 거리죠. 이런 거리를 날아가는 포탄은 처음에 작은 오차가 생겨도 긴 거리를 움직인 후에는 큰 거리 차로 비껴갈 수 있습니다. 그러므로 롱건 관계자의 주장처럼 짧은 거리부터 테스트를 해보고 오차가 없다는 것이 판단될 때 긴 거리에 대한 테스트를 하는 것이 순서라고 생각합니다. 하지만 전사모 대통령은 이 말을 무시했고, 이로 인해 사고가 났으므로 롱건 측에서 오발에 대해 생긴 사고를 배상할 의무는 없다는 것이 본 변호사의 소견입니다.

원고 측 변론하세요.

 증인으로 고이올 박사를 요청합니다.

머리가 뱅글뱅글 돌아가는 모양으로 생긴 50대 남자가 증인석에 앉았다.

증인이 하는 일을 말씀해 주세요.

🙂 저는 전향력을 연구하고 있습니다.

😀 그게 뭐죠?

🙂 지구는 정지해 있지 않고 하루에 한 바퀴를 돕니다. 이걸 자전이라고 하죠.

😀 그건 누구나 알고 있는 사실인데요.

🙂 지구의 자전은 지구에서 날아간 물체에 새로운 힘을 주게 됩니다.

😀 그건 또 뭐죠?

🙂 그 힘이 전향력이라는 힘입니다.

😀 좀 더 자세히 말씀해 주시겠습니다.

🙂 우리는 북반구에 살고 있으니까 북반구에 대한 얘기만 하기로 하죠. 북반구에서 물체는 움직일 때 움직이는 방향의 오른쪽으로 작용하는 힘을 받습니다. 그게 바로 전향력입니다.

😀 그럼 이번 사건도 전향력과 관계가 있나요?

🙂 물론입니다. 포탄은 적도 지방에서 발사되어 북쪽으로 날아갔습니다. 지구가 움직이지 않았다면 포탄은 정확하게 북쪽에 떨어졌을 것입니다. 그런데 날아가는 포탄은 지구의 자전 때문에 오른쪽으로 밀리는 힘을 받게 되지요. 그래서 포탄이 더 오른쪽에 떨어지게 되는 겁니다. 이것은 우리가 흐르는 강물에서 배를 똑바로 저으면 강물 방향으로 배가 밀

리는 것과 같은 이치죠.

그렇다면 어떻게 해야 정확한 북쪽에 도착하도록 할 수 있나요?

포탄이 오른쪽으로 휘어질 것을 생각해서 약간 왼쪽으로 발사하는 것입니다. 그럼 전향력 때문에 포탄이 정확하게 북쪽에 떨어질 수 있습니다. 얼마나 왼쪽으로 발사해야 하는가는 복잡한 계산을 해야 합니다.

복잡한 계산은 저희도 필요없습니다. 아무튼 감사합니다. 존경하는 재판장님. 롱건 회사는 전향력에 대해 알지 못했습니다. 물론 전사모 대통령도 마찬가지입니다. 하지만 고가의 대포를 판매한 회사는 소비자에게 그 사용법과 주의해야 할 사항을 정확하게 알려 줄 의무가 있습니다. 그럼에도 불구하고 롱건 회사는 전향력 때문에 왼쪽을 겨냥해야 포탄이 정확한 지점에 떨어진다는 것을 알려 주지 못했으므로 이번 오발사고에 대한 책임은 롱건 회사에 있다고 주장합니다.

장거리를 날아가는 대포를 테스트할 때 혹시라도 생길지 모르는 문제를 미리 알기 위해서는 단거리에 대해 먼저 실험을 했어야 한다고 생각합니다. 만일 전사모 대통령이 짧은 거리에서 실험을 했다면 물론 전향력 때문에 오른쪽으로 비껴 떨어졌겠지만 이번처럼 다른 마을에 떨어지는 대형 사고는 초래하지 않았을 것입니다. 따라서 포탄이 잘못된 지점에 낙하했을 때 사람들의 생명이 위협받을 수 있다는 것을 간과한 전사모 대통령과 전향력에 대한 지식 없이 장거리 대포를 만들어 판 롱건 회사 모두에게 이번 사고의 책임이 있다고 판단됩니다.

재판 후 전사모 대통령은 국민들로부터 탄핵되었다. 그리고 아미공화국에 평화가 찾아왔다. 아미공화국의 디스암 대통령은 아미공화국이 더 이상 어떤 나라와도 전쟁을 하지 않겠다는 성명서를 발표했다.

바람은 왜 불까요?

바람은 왜 불까요? 물이 흐르는 강물처럼 공기가 움직이는 것이 바람입니다. 공기도 질량을 가지고 있지요. 강한 바람이란 공기들이 아주 빠르게 움직이는 현상이지요. 그래서 강한 바람을 맞으면 큰 충격을 받게 됩니다.

물은 높은 곳에서 낮은 곳으로 흐르는데 그럼 공기는 어떻게 이동할까요? 공기는 압력이 높은 곳에서 낮은 곳으로 이동합니다.

풍선을 불었다가 주둥이를 놓으면 바람이 나옵니다. 풍선 속의 공기가 밖으로 빠져나오는 현상이죠. 그것은 풍선 속의 압력이 풍선 밖의 대기압보다 높기 때문입니다.

왜 압력은 높은 곳에서 낮은 곳으로 이동할까요? 압력이 높다는 것은 공기가 많이 살고 있다는 뜻입니다. 사람들도 빽빽한 곳보다 사람이 드문 곳에 있고 싶어하듯이 공기들도 압력이 낮은 곳(공기가 적은 곳)으로 몰려가고 싶어 합니다. 그러니까 바람은 압력이 높은 곳의 공기가 압력이 낮은 곳으로 이동하는 현상입니다.

탁자를 두 사람이 왼쪽으로 밀고 다섯 사람이 오른쪽으로 밀면 탁자는 어디로 움직이죠? 당연히 오른쪽으로 움직입니다. 그것

은 다섯 사람이 미는 압력이 두 사람이 미는 압력보다 커서 압력
이 큰 쪽에서 작은 쪽으로 탁자가 밀리는 것입니다.

압력은 높은 곳에서 낮은 곳으로 이동하며 공기 역시 마찬가지입니다.

모든 곳에서 공기의 양이 일정한 것은 아닙니다. 공기가 어떤 데는 모여 있고, 어떤 곳에는 별로 없습니다. 이렇게 장소에 따라 공기의 양이 다르므로 장소에 따라 기압도 다릅니다.

예를 들어 산 위로 올라가면 공기의 양이 적어지니까 기압도 낮아집니다.

저기압은 다음과 같은 원리로 생겨납니다. 땅이나 바다가 뜨거워지면 그 부분의 공기가 위로 올라가니까 그 부분의 공기가 작아집니다. 그래서 그 부분의 기압이 주위보다 낮아지므로 저기압이 됩니다.

반대로 주위보다 기압이 높은 곳을 고기압이라고 합니다.

따라서 바람은 고기압에서 저기압으로 붑니다. 그리고 높이 차이가 클수록 물이 빠르게 흐르듯이 기압의 차이가 클수록 더 강한 바람이 불게 됩니다. 이렇게 기압차 때문에 생기는 힘을 기압경도력이라고 부르는데 이 힘이 바로 바람을 일으키는 힘입니다.

기압경도력

기압경도력을 좀 더 정확하게 알아봅시다. 기압차가 생기면 기압이 큰 쪽에서 작은 쪽으로 힘이 작용하는데 이때 단위 거리당 기압 차이를 기압경도력이라고 합니다.

일기도를 보면 등고선처럼 꼬불꼬불 그려진 선들이 있습니다. 이것은 기압이 같은 지점을 연결한 선인데 등압선이라고 부릅니다. 등고선 사이의 간격이 촘촘하면 경사가 급하고 간격이 넓으면 경사가 완만하듯이 등압선 사이의 간격이 촘촘하면 아주 짧은 거리에 대해 두 지점의 기압의 차이가 심합니다. 그러므로 두 지점 사이에 강한 바람이 불게 되는 것입니다.

바다에 관한 사건

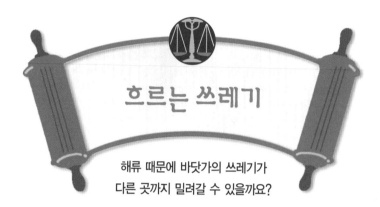

흐르는 쓰레기

해류 때문에 바닷가의 쓰레기가
다른 곳까지 밀려갈 수 있을까요?

**사건
속으로**

과학공화국은 북반구 중위도 지방에 위치하고 있는데 남부
지방에는 코리해라고 부르는 바다가 있어 많은 해수욕장이
남부 바다에 몰려 있었다. 코리해의 바닷물은 사파이어 색을
띠고 있어 젊은 연인들이 즐겨 찾는 곳이었다. 코리 해변의
해수욕장 중 90퍼센트는 남부 최대의 경제 중심 도시인 막버
려시에 밀집되어 있었다.

최근 과학공화국의 젊은이들은 개인주의가 강한 반면 무책
임한 행동들을 많이 하고 있었는데 이들이 머물고 간 자리는

항상 치우지 않은 쓰레기들로 가득했다. 이러한 쓰레기들은 파도에 밀려 먼 바다로 흘러 나가곤 했다. 그런 사실을 뻔히 알면서도 신세대 젊은이들은 연인과의 데이트에 빠져 그런 사실을 아랑곳하지 않았다.

과학공화국 남부에서 그리 멀지 않은 곳에 공화국에서 가장 큰 섬인 대빵섬이 있었다. 그런데 최근 대빵섬에 문제가 생겼다.

대빵섬 주변은 수심이 낮고 일조량이 많아 김이나 물고기들을 양식하여 육지에 팔아 생활을 유지하고 있었다. 그런데 최근 엄청난 양의 쓰레기가 양식장을 덮쳐 큰 피해를 입은 것이었다.

대빵섬의 이장인 김대도 씨는 주민들과 대책을 협의했다.

"도대체 이 많은 쓰레기가 어디서 온 걸까요?"

"아마도 공화국 남부 최대의 해수욕장인 막버려 해수욕장에서 피서객들이 바다에 버린 쓰레기일 겁니다."

대빵섬의 지구과학 선생인 신바다 씨가 말했다.

"어떻게 그 멀리에서 이 섬까지 쓰레기가 올 수 있지요?"

"해류를 타고 온 것이겠지요."

신바다 선생의 얘기를 들은 김대도 이장은 섬 주민들이 입은 피해가 막버려 해안에서 마구 버려진 쓰레기 때문이라며 막버려 시를 지구법정에 고소했다.

바다도 강물처럼 일정한 방향으로 흘러가는
흐름이 있습니다. 이를 해류라고 합니다.

**여기는
지구법정**

해류는 바다에 흐르는 강입니다. 해류에 대해 지구법정에서 좀 더 알아봅시다.

지구짱 판사

지치 변호사

어쓰 변호사

🧑‍⚖️ 피고 측 변론하세요.

🧑 요즘 젊은이들이 쓰레기를 아무 데나 버리는 게 어디 하루이틀의 일입니까? 그리고 툭 터놓고 얘기해서 대빵섬에 쌓인 쓰레기가 막버려 해안에서 왔다는 정확한 물증도 없지 않습니까? 바다는 넓습니다. 지구는 70퍼센트 이상이 바다일 정도로 바다의 행성입니다. 바다에 버려진 쓰레기는 거대한 바다로 가게 됩니다. 그것이 유독 대빵섬으로만 갔다는 것은 이해할 수 없습니다. 그러므로 이번 사건에 대해 막버려 시의 책임은 없다고 생각합니다.

🧑‍⚖️ 원고 측 변론하세요.

🧑 해류연구소의 쿠로시 박사를 증인으로 요청합니다.

날카롭게 생긴 증인이 등장했다.

🧑 해류연구소는 무엇을 하는 곳인가요?

🧑 바다에 흐르는 강을 연구하는 곳입니다.

🧑 엥? 바다에도 강이 있습니까?

🧑 바다의 강을 해류라고 부릅니다.

😎 좀 더 자세히 말씀해 주시죠.

😮 강물은 일정한 방향으로 흐르는 물의 흐름입니다. 높은 산에서 낮은 곳으로 말입니다.

😎 하지만 바다에는 높은 산이 없지 않습니까?

😮 강물처럼 일정한 방향으로 흘러가는 바닷물의 흐름이 있습니다. 그걸 해류라고 하지요.

😎 해류는 왜 생기는 것이죠? 높이 차이도 없는데 말입니다.

😮 주로 바람의 영향 때문입니다. 만일 어떤 바다에 계속해서 서풍이 분다고 가정해 보죠. 그럼 바람이 바닷물을 동쪽으로 밀게 됩니다. 그러니까 동쪽으로 흐르는 바닷물의 흐름이 생기겠지요? 이게 바로 동쪽으로 흐르는 해류입니다.

😎 또 다른 원인은 없습니까?

😮 바닷물의 밀도차 때문에 해류가 생길 수도 있습니다.

😎 밀도는 어느 곳이나 일정한 게 아닌가요?

😮 아닙니다. 온도에 따라 달라지지요. 극지방의 물은 차갑습니다. 그러니까 물의 부피가 작아지지요. 그럼 물의 밀도는 커지겠지요?

😎 그렇지요.

😮 반면에 적도지방의 물은 뜨겁습니다. 그러니까 물의 부피는 커지고 밀도는 작아지죠.

그렇죠.

밀도가 작은 더운물은 위로 뜨고 밀도가 큰 차가운 물은 아래로 가라앉습니다. 그러니까 적도지방의 더운물이 극지방 쪽으로 올라가는 해류가 생기는 것이죠. 이 물은 따뜻한 물이기 때문에 난류가 됩니다.

그럼 본 사건으로 들어가서 막버려 해안의 쓰레기가 대빵섬으로 흘러 들어갈 수 있습니까?

가능합니다. 강물에 자갈이나 모래가 떠내려가서 낮은 지대에 쌓이듯이 해류를 통해 쓰레기가 다른 지역으로 이동할 수 있습니다.

하지만 그게 꼭 대빵섬에 쌓이라는 법은 없지 않습니까?

코리해에는 동쪽으로 흐르는 이스트 해류가 있습니다. 그리고 대빵섬은 막버려 해안의 동쪽에 있습니다. 그러므로 막버려 해안의 쓰레기가 이스트 해류를 타고 동쪽으로 이동합니다. 그런데 대빵섬과 육지 사이의 폭이 좁으니까 병목현상 때문에 해류에 실려 온 쓰레기가 대빵섬에 부딪쳐 양식장에 쌓이게 되는 것입니다.

이번 대빵섬의 쓰레기를 조사하던 중 상당수가 막버려 시의 제품이었고, 종이 쓰레기들 중에는 막버려 시 모 식당의 영수증도 발견되었습니다. 해류가 한 방향으로 흐르기 때문에 막버려 해안의 쓰레기는 무조건 대빵섬으로 갑니다. 그러므로 대빵섬의 양식장을 훼손시킨 데 대한 책임은 막버려 시가 져야 한다고 생각합니다.

🦁 정말 어처구니없는 사건입니다. 해류를 통해 쓰레기가 대빵섬으로 이동된 것은 둘째치고 쓰레기를 왜 바닷가에 함부로 버립니까? 또 막버려 시 측에서는 왜 쓰레기 수거를 하지 않아 불쌍한 대빵섬 사람들을 울립니까? 이번 사건의 판결은 간단합니다. 대빵섬의 양식장이 입은 손실은 막버려 시에서 모두 보상해야 하고, 현재 대빵섬에 쌓인 쓰레기는 막버려 시의 젊은이들이 모두 청소를 하는 것으로 판결합니다.

재판 후 막버려 해수욕장의 해안에는 몰래 쓰레기를 버리는 사람들을 잡기 위해 CCTV가 설치되었다. 그리고 막버려 시의 대학생 자원 봉사자 천여 명이 대빵섬 양식장의 쓰레기를 수거했다. 그 이후 막버려 해수욕장은 지구 상에서 가장 쓰레기가 없는 해수욕장으로 변했다.

바닷길이 없어졌어요

바닷길이 사라져 무인도에 갇혔다면
누구의 책임일까요?

**사건
속으로**

과학공화국 남부 바닷가에 타이드 마을이 있었다. 타이드 마을은 작은 해안 마을이지만 바다 바로 앞에 수십여 개의 작은 무인도들이 많아 관광객들로 붐비는 곳이었다.

수많은 섬들 중에서 해안에 가장 가까운 곳에 위치한 미니섬은 하루에 한 번 섬과 육지가 연결되기 때문에 바다를 걸어서 건너편의 섬으로 가려는 관광객들로 바닷길이 열리는 시간 때가 되면 몹시 붐볐다.

결혼한 지 일 년 된 회사원 김대번 씨는 아내와의 결혼 일주

년 기념일을 멋있게 보내기 위해 미니섬으로 갈 계획을 세웠다. 두 사람이 타이드 마을에 도착했을 때는 마침 비수기여서 관광객들이 거의 없었다.

두 사람이 바닷가에 도착했을 때는 바다를 가로질러 미니섬과 육지가 연결되어 있었다. 주위를 돌아보니 두 사람을 빼고는 아무도 보이지 않았다. 두 사람은 양옆의 바닷물을 보면서 바다로 난 길을 따라 미니섬으로 갔다. 김대번 씨의 아내는 조가비를 주워 담으며 둘만의 오붓한 여행을 즐거워했다.

두 사람은 미니섬을 한 바퀴 돌았다. 섬이 그리 크지 않아 두어 시간 만에 섬을 다 돌 수 있었다. 두 사람은 미니섬 해안에서 타이드 마을을 바라보며 누워 있었다.

갑자기 비바람이 치면서 바닷물이 섬으로 밀려오자 놀란 두 사람은 높은 지대로 올라갔다. 두려움에 떨고 있는 아내를 더욱 놀라게 하는 사건이 또 일어났다. 두 사람이 건너온 길이 사라지고 바다로 변해 버린 것이었다.

두 사람은 아무 것도 없는 무인도에서 길이 다시 열릴 때까지 뜬눈으로 지새웠다. 밤이 되어 날씨는 추워졌고, 이로 인해 김대번 씨의 아내는 심한 감기몸살로 입원하게 되었다.

김대번 씨는 길이 어느 시각에 없어진다는 것을 알려주지 않은 타이드 마을이 아내의 입원에 책임이 있다며 타이드 마을을 지구법정에 고소했다.

바다가 갈라지는 것은 달의 만유인력이
지역에 따라 다르게 미치기 때문입니다.

섬과 육지 사이에 길이 만들어지는 원리는 무엇일까요? 지구법정
에서 알아봅시다.

지구짱 판사

지치 변호사

어쓰 변호사

 피고 측 변론하세요.

타이드 마을과 미니섬 사이의 바다가 갈라지는 것은
과학공화국 사람이라면 누구나 다 알고 있는 사실입니다. 바
다가 갈라졌다 다시 바다가 되었다 하는 일은 주기적으로 일
어나죠. 그러므로 그 길은 걸어갈 수 있는 길일 때도 있고 그
렇지 않을 때도 있는 것입니다. 따라서 관광객은 해수면이
얼마나 높은지를 보고 돌아올 것인지 아닌지를 결정해야 합
니다. 하지만 김대번 씨 부부는 미니섬에서 노는 데 바빠 그
런 것을 생각하지 않았습니다. 또한 만약의 사태를 대비해서
옷가지를 챙겨 갔어야 할 것입니다. 하지만 김대번 씨 부부
는 그러한 노력을 하지 않았습니다. 따라서 그런 부분까지
타이드 마을이 책임질 필요는 없다는 것이 본 변호사의 생각
입니다.

 원고 측 변론하세요.

 플로연구소의 조석주 박사를 증인으로 요청합니다.

호리호리한 몸매의 증인이 등장했다.

😀 우선 저는 어떤 원리에 의해 타이드 마을과 미니섬 사이의 바다가 갈라져 길이 되는지를 알고 싶습니다.

😮 간단합니다. 달의 기조력 때문이죠.

😀 그게 무슨 말이죠?

증인이 변호사의 소매를 잡아당겼다. 소매의 잡아당긴 부분이 늘어나 곧 찢어질 것 같았다. 그랬다가 다시 놓으니까 소매는 원래의 위치로 되돌아갔다.

😀 뭐하는 겁니까? 이게 얼마짜리 양복인데.

😮 그게 바로 기조력입니다.

😀 무슨 말이죠?

😮 양복 소매 사이에 변호사님의 팔이 있습니다. 저는 한쪽을 잡아당겼죠. 그 잡아당긴 부분은 당겨오지만 반대쪽은 팔이 막고 있어서 당겨오지 않습니다. 이렇게 한 물체의 서로 반대 부분에 걸린 힘의 차이를 기조력이라고 부릅니다.

😀 그게 바닷물과 무슨 관계가 있죠?

😮 어느 지역의 바닷물이 달과 가장 가까워지면 달이 바닷물을 잡아당기는 만유인력이 커집니다. 그러니까 그 부분의 물이 솟아오르겠죠. 그래서 해수면이 올라갑니다. 이런 걸 밀물 또는 만조라고 부릅니다.

😮 그럼 달이 멀어지면 도로 내려가겠군요.

😲 그렇습니다. 그럴 때는 해수면이 가장 낮아지는데 그때를 간조 또는 썰물이라고 합니다.

😮 그때 바다가 갈라지나요?

😲 지금 미니섬과 타이드 마을 사이의 해저 지형은 길이 난 부분이 다른 곳보다 올라와 있습니다. 그러니까 썰물 때 해수면이 낮아지면서 그 부분이 바다 위로 나타나게 되는 거죠. 그래서 길이 열리게 되는 겁니다.

😮 그래도 조금 있으면 다시 바다가 되지 않습니까?

😲 해수면이 가장 높을 때와 가장 낮을 때는 12시간 25분의 차이가 납니다.

😮 미니섬과 타이드 마을은 썰물 때는 바다가 열리면서 길이 생기고 밀물 때는 다시 바다가 되어 길이 없어집니다. 이것은 주기적으로 일어나는 현상이므로 매일 매일 언제까지 길이 열려 있을 것인가는 계산할 수 있습니다. 또한 이 마을 사람들은 경험에 의해 그 시간을 알고 있습니다. 그럼에도 불구하고 안내인도 없이 관광객에게 바닷길을 건너게 하는 것은 타이드 마을 사람들의 무책임한 행동이라고 생각합니다. 그러므로 이번 사건에 대해 타이드 마을이 책임을 져야 한다고 주장합니다.

😊 원고 측 얘기에 동감합니다. 좋은 관광거리를 이용하

여 수익을 올리면서 관광객들의 안전을 위한 장치를 하지 않는 그런 관광지들이 전국에 무수히 많이 있습니다. 이번 사건을 보니 타이드 마을 역시 그런 관광지 중 하나라는 생각이 듭니다. 그러므로 타이드 마을은 김대번 씨 부부가 입은 물질적, 정신적 피해를 보상할 의무가 있으며 앞으로 전광판을 설치하거나 아니면 관리사무소를 두어 바닷길이 열려 있는 시간을 관광객들에게 확실히 알려야 하며 미니섬에는 대형 스피커를 설치하여 혹시라도 시간을 잊은 사람들에게 타이드 마을로 되돌아오라는 안내 방송을 할 것을 선고합니다.

재판 후 타이드 마을의 바닷길 앞에는 매표소가 설치되었다. 그리고 타이드 마을에서 가장 예쁘고 착한 아가씨를 미스타이드로 선발하여 매표소를 맡기게 되었다. 그 이후 타이드 마을은 바닷길과 미스타이드 때문에 더 많은 인기를 끌게 되었다.

밀물과 썰물의 원인, 달

바닷물은 왜 짤까요? 그것은 바닷물 속에 짠맛을 내는 염류들이 들어 있기 때문입니다. 바닷물에 녹아 있는 염류의 약 78%는 우리가 흔히 소금이라고 부르는 염화나트륨이고 염화마그네슘이 약 11%, 그리고 황산 마그네슘, 황산칼슘, 황산칼륨 등이 그 다음으로 많습니다.

염류의 총량을 염분이라고 하는데 약 35‰ 정도입니다. 바닷물 1000g 속에 들어 있는 염분의 양이 35g일 때 이것을 35‰ 이라고 하지요.

염류는 왜 생길까요? 염류의 대부분은 강으로부터 바다로 흘러 들어옵니다. 즉, 강물이 바위나 흙을 깎아 내면서 그 속에 있는 물질을 바다로 실어 가게 됩니다. 그러면 이때 바다에 염류들이 생기게 됩니다. 또 한 가지 이유는 바다 속에서 화산이 폭발하는 것입니다. 이때 지하 깊숙한 곳에 있던 물질들이 바다에 쏟아져 나오고 그중에 염류들도 나오게 됩니다.

조류

조류는 밀물과 썰물을 말합니다. 바닷가에 살면 하루에 두 번

씩 밀물과 썰물을 볼 수 있는데 이런 현상을 조석이라고 하고 이때 바닷물의 흐름을 조류라고 합니다.

조석현상을 일으키는 힘을 기조력이라고 하는데 달이나 태양의 만유인력 때문에 생깁니다. 그런데 태양보다는 달이 훨씬 가까우니까 기조력은 주로 달의 영향 때문에 생긴다고 볼 수 있지요.

조석이 생기는 원리는 간단합니다. 한 물체의 서로 다른 두 부분에 작용하는 힘의 차이가 있으면 기조력이 발생합니다.

예를 들어 소매를 잡아당기면 잡아당긴 소매 부분은 큰 힘을 받고 반대쪽은 사람의 팔이 막아 주니까 소매의 양 끝은 서로 다른 힘을 받게 되지요. 그 힘의 차이가 기조력입니다. 그로 인해 소매가 찢어지게 됩니다.

어떤 지점의 바다가 달과 가장 가까울 때는 달이 잡아당기는 만유인력이 가장 강해지니까 바닷물이 올라갑니다. 그러니까 그 지역은 바닷물이 높아져 갯벌이 물로 가득차게 되는데 이때가 하루 중에서 바닷물의 수위가 제일 높을 때입니다. 이때를 만조라고 부르지요.

반대로 그 지점의 바다가 달에서 멀어지면 달이 잡아당기는 만

힘의 차이에 의한 기조력으로
소매가 찢어지게 됩니다.

유인력이 약해져 바닷물의 높이가 낮아집니다. 그럼 해수면이 가장 낮아지는데 이때를 간조라고 합니다. 이때는 물의 수위가 낮아져 갯벌에 들어왔던 물이 바다로 빠져나가고 갯벌은 땅이 됩니다. 이렇게 바닷물이 오르락내리락하는 현상을 조석이라고 하는데 바닷물의 높이가 가장 높을 때와 낮을 때 해수면의 높이의 차를 조차라고 부르고 만조에서 다음 만조까지 걸리는 시간을 조석 주기라고 부르지요. 지구의 조석주기는 12시간 25분입니다.

달과 우주에 관한 사건

힘없는 빨대

달에서 사용할 수 없는 빨대의 값을
지불해야 할까요?

**사건
속으로**

최근 과학공화국에는 패스트푸드가 인기를 끌고 있었다. 햄
버거와 콜라를 주로 파는 패스트푸드는 바쁜 일상 속에 시간
이 없는 직장인이나 젊은 층을 대상으로 급속도로 퍼져가고
있었다.

패스트푸드의 선두주자는 막도너스라는 회사였는데 과학공
화국에만 100여 개의 점포를 가지고 있을 정도로 호황을 누
리고 있었다. 막도너스의 인기는 달의 수도인 암스트롱 시티
에까지 퍼졌다.

암스트롱 시티의 시민들은 막도너스의 햄버거와 콜라 맛을 보기 위해 암스트롱 시티에도 가게를 만들어 줄 것을 시에 건의했다. 이리하여 암스트롱시는 막도너스 본사에 지점 개설을 의뢰했다.

드디어 암스트롱시에 막도너스 지점이 생겼다. 많은 사람들이 햄버거와 콜라를 주문하기 위해 길게 줄을 섰다.

암스트롱시 외곽에 사는 김압력 씨는 아들을 데리고 막도너스에 갔다.

"주문하시겠습니까?"

예쁜 점원이 상냥하게 미소지으며 말했다.

"햄버거와 콜라 주세요."

김압력 씨는 점원이 건네주는 햄버거와 빨대가 꽂혀 있는 콜라를 받아서 아들에게 주었다. 햄버거 한입을 먹은 아들이 빨대에 입을 갖다 대었다. 그런데 아무리 빨아도 콜라가 나오지 않았다. 김압력 씨는 빨대가 불량이라며 다른 빨대를 달라고 요구했다. 그러나 어떤 빨대로도 콜라를 먹을 수 없었다.

하는 수 없이 아들은 빨대 없이 콜라를 먹었다. 김압력 씨는 쓸모없는 빨대가 콜라 값에 포함되어 있다며 막도너스를 상대로 빨대값 반환 청구 소송을 냈다. 그리하여 이 사건은 지구법정에서 다루어지게 되었다.

달에서는 아무리 좋은 빨대도 무용지물입니다.
달의 대기압 때문입니다.

달에서 빨대를 사용할 수 없는 이유는 무엇일까요? 지구법정에서 알아봅시다.

 피고 측 변론하세요.

빨대로 콜라를 먹는 것은 압력 차를 이용하는 것입니다. 그런데 이때 너무 약하게 빨아 당기면 압력의 차이가 작아 콜라가 빨려 올라오지 않을 수 있습니다. 저희가 조사해 본 바로는 막도너스의 빨대는 지구의 것과 조금의 차이도 없었습니다. 그럼에도 불구하고 달에서 빨대가 빨리지 않는다는 것은 이상한 일입니다. 앞서 말씀 드린 것처럼 김압력 씨 아들이 너무 약하게 빨아서 생긴 사건인 것 같으므로 이 사건의 재조사를 요청하는 바입니다.

 원고 측 변론하세요.

 달에 대한 권위자인 송월교 박사를 증인으로 요청합니다.

보름달처럼 동그란 얼굴을 한 증인이 등장했다.

 증인은 달에서 사람들이 살 때 벌어질 수 있는 많은 얘기를 책으로 쓰셨죠?

네, 몇 개는 베스트셀러죠.

👓 달과 지구의 가장 큰 차이는 뭐죠?

👩 물리학자들은 달의 중력이 지구의 중력의 6분의 1 정도로 작다는 점을 강조하는데 저는 중력보다 더 큰 차이는 달에는 공기가 없다는 점이라고 생각합니다.

👓 지구에는 공기가 있고 달에는 공기가 없고. 그럼 그것이 어떤 영향을 주나요?

👩 지구는 거대한 공기가 우리를 누르고 있습니다. 그렇게 공기가 우리를 누르는 압력을 대기압이라고 하죠.

👓 그럼 달에는 대기압이 없겠군요.

👩 그렇습니다.

👓 그럼 이번 사건으로 들어가서 달에서 빨대로 콜라를 마실 수 있습니까?

👩 불가능합니다.

👓 그 이유를 자세히 설명해 주시겠습니까?

송월교 박사는 콜라를 가지고 나와 빨대를 꽂았다.

👩 가만히 놔 두면 지구에서도 콜라가 저절로 빨대 위로 올라가지 않습니다.

송월교 박사는 빨대를 입으로 빨아들였다. 콜라가 투명한 빨대를 타고 올라가는 모습이 보였다.

🧑 어떤 원리로 올라가는 거죠?

👩 제가 입으로 빨대 속의 공기를 빨아들이면 빨대 속에는 공기가 별로 없지요. 하지만 콜라 컵을 누르는 대기압은 그대로 있으니까 콜라는 그 압력 때문에 압력이 낮은 곳으로 이동하는 것입니다. 그게 바로 빨대를 타고 올라가는 거죠.

🧑 그럼 달에서는 왜 안 되는 거죠?

👩 달에는 공기가 없습니다. 그러니까 대기압도 없지요. 그러니까 빨대로 빨던 그렇지 않던 달라질 게 없지 않습니까? 그러니까 콜라가 올라갈 힘이 없는 셈이죠.

🧑 증인이 얘기했듯 달에는 공기가 없습니다. 그러니까 공기의 압력인 기압이 없습니다. 그러므로 기압의 차이를 이용하여 액체를 위로 빨아올리는 빨대는 달에서는 단순히 비닐 막대일 뿐입니다. 그러므로 빨대를 사용할 수 없는 사람들이 빨대값을 내지 않는 것은 당연하다고 생각합니다.

🦁 달에 공기가 없으니 빨대가 무용지물이라는 점 인정합니다. 그러므로 김압력 씨의 주장대로 막도너스는 콜라의 값에서 빨대의 값을 제외하여 다시 가격을 책정해야 하며 김압력 씨에게 빨대값을 되돌려 줄 것을 판결합니다.

재판 후 막도너스 달 지점은 빨대의 원가 10원을 모든 손님들에게 돌려 주었다. 그리고 더 이상 막도너스 달 지점에서 빨대를 볼 수 없었다.

길 고 긴 밤

달에서 하루는 얼마나 길까요?

사건
속으로 암스트롱 시티로 처음 이주해 간 사람은 두 명이었다. 두 사
람 중에 한 사람은 이월교 사장이었고, 다른 한 사람은 직원
인 최수면 씨였다.

두 사람은 암스트롱 시티로 입주할 사람들에게 달에 대한 정
보를 알려 주는 달 부동산소개업을 하기 위해 다른 이주민들
보다 앞서 암스트롱 시티에 이주해 달에 사무실을 세웠다.

이들은 주로 우주를 통해 메일을 주고받을 수 있는 스페이스
넷을 이용하여 지구 과학공화국의 사람들에게 암스트롱 시

티의 이곳저곳을 소개했다.

컴맹인 이월교 사장은 스페이스 넷을 다룰 줄 몰라 과학공화국 최고의 컴 도사인 최수면 씨를 데리고 간 것이었다.

달에 도착한 첫날 두 사람은 오랜 여행에 지쳐 다음 날부터 사무실에 스페이스 넷을 설치하여 본격적인 사업을 시작하기로 했다.

"오늘은 너무 피곤하군. 잠 좀 자야겠어."

사장이 말했다.

"저도 잠 좀 자야겠어요."

"그럼 내일 바로 출근하게."

"그렇게 하겠습니다."

두 사람은 헤어져 각자의 집으로 갔다. 암스트롱 시티는 아직 전화망이 구축되지 않아 두 사람이 서로 연락할 수 있는 방법은 없었다.

지구 시간으로 하루가 지난 후 최수면 씨는 잠에서 깼다. 유리창을 열어 보니 깜깜한 밤이었다.

"아직 밤이군. 더 자야겠어."

다시 지구 시간으로 하루가 더 흐른 후에도 깜깜한 밤이었다. 최수면 씨는 야참을 챙겨 먹고 다시 잠을 청했다.

지구 시간으로 며칠이 지난 후에 날이 밝았고, 최수면 씨는 사무실에 출근했다.

이월교 사장은 엄청나게 화가 나 있었다.

"15일 만에 출근하면 어떡해요?"

"무슨 소리예요. 저는 날이 밝는 대로 출근한 건데……."

이월교 사장은 최수면 씨를 해고했다. 최수면 씨는 이월교 사장의 해고가 부당하다며 이월교 사장을 지구법정에 고소했다.

하루란 어떤 행성이 한 번 자전할 때 걸리는 시간을 말합니다.
따라서 지구의 하루와 달의 하루는 다릅니다.

달에서는 하루가 얼마나 길까요? 그럼 낮의 길이는 얼마일까요?
지구법정에서 알아봅시다.

 피고 측 변론하세요.

요즘과 같은 불경기에 달에서 새로 사업을 벌리겠다는
이월교 사장의 노력은 가상합니다. 그런데 직원인 최수면 씨
가 너무 게을러서 15일이나 집에서 쉬고 그 뒤에 출근했다는
것은 어떤 직장에서도 용납될 수 없는 일입니다. 그러니까
잘리는 것은 당연하지요.

피고 측 변호사는 '잘린다' 와 같은 속된 표현을 사용하
지 마세요.

알겠습니다. 그러니까 최수면 씨의 15일 무단 결근으
로 이월교 사장이 최수면 씨를 해고하는 것은 당연하다는 것
이 본 변호사의 생각입니다.

원고 측 변론하세요.

 달 시간 연구소의 문타임 박사를 증인으로 요청합니다.

점잖아 보이는 증인이 등장했다.

 증인은 달에서의 시간에 대해서 많은 연구를 한다고
들었습니다.

그렇습니다.

달에서의 하루가 지구에서처럼 24시간이 아닌가요?

어떤 행성의 하루라는 것은 행성이 스스로 한 바퀴를 돌 때까지 걸린 시간을 말합니다. 즉 한 번 자전할 때 걸리는 시간이죠.

그게 지구는 24시간이군요.

그렇습니다.

그럼 달이 자전하는 시간을 달에서 생활할 때는 하루로 정의해야 하겠군요.

그렇습니다.

달의 하루가 지구에 비해 깁니까?

무척 길지요. 달이 지구를 한 바퀴 도는데 걸리는 시간, 그러니까 그건 달에서의 일 년이 되겠죠. 그 시간은 지구의 시간으로 27일 7시간 43분입니다.

달의 하루는요?

똑같이 27일 7시간 43분입니다.

그럼 달의 일 년과 하루가 같다는 건가요?

물론입니다. 달은 한 번 자전하는 동안 지구를 한 번 공전합니다.

그렇다면 달의 하루를 대충 30일이라고 치고 달의 낮과 밤은 지구 시간으로 15일 정도군요.

🐑 그렇습니다.

😎 달의 하루는 약 30일 정도이고, 이중 낮은 15일 정도입니다. 이월교 사장은 다음 날 출근하라고 했고, 달에서는 그 시간이 지구 시간으로 15일이 걸렸습니다. 그러니까 지구에서는 15일이 흐른 것이지만 최수면 씨는 분명 달에서 하루 밤만 자고 출근한 셈이므로 이월교 사장의 최수면 씨에 대한 해고는 부당하다고 생각합니다.

👳 통상 낮이라 함은 해가 떠 있을 때를 말하고, 밤이라 함은 해가 졌을 때를 말합니다. 그러므로 이 사건은 달의 낮의 길이가 지구에 비해 엄청나게 길다는 것을 몰랐던 두 사람의 해프닝으로 보여집니다. 하지만 이월교 사장이 12시간 후와 같은 명확한 표현이 아닌 내일이라는 모호한 표현을 써서 벌어진 사건이므로 최수면 씨의 해고는 정당하지 않다고 생각하여 원고 측의 주장대로 최수면 씨의 복직을 명합니다.

재판 후 이월교 사장은 최수면 씨를 복직시켰다. 그리고 달에서는 모든 시간 앞에 '지구 시간으로' 라는 말이 붙게 되었다.

알쏭달쏭 윤달 계약

윤달은 왜 생길까요?

최근 과학공화국에는 대학을 졸업하고도 취직이 어려울 정도로 고학력 실업문제가 심각했다. 그것은 과학공화국의 경제가 주변 공업공화국이나 농업공화국에 비해 심각할 정도로 어려워졌기 때문이었다.

사이언스 시티의 공과 대학생인 이윤월 씨는 1984년 2월 29일에 태어났다. 이 해는 윤년이라 2월 29일까지 있는 해였다. 그래서 이윤월 씨는 4년에 한 번 생일이 찾아오지만 윤년이 아닌 해에는 2월 28일에 생일을 치렀다.

물론 이윤월 씨는 이런 자신의 생일이 싫었지만 어쩔 수 없이 참고 살아왔다. 그리고 다른 사람보다 열심히 공부해서 대학교 4년을 장학생으로 지냈다.

하지만 회사의 문턱이 높아 매년 시험에서 떨어지곤 했다. 그래서 이윤월 씨는 일찍 돌아가신 부모님이 남겨주신 유산으로 조그만 신용 대출 회사를 차렸다.

2004년 2월 29일 이윤월 씨의 생일날 그의 회사가 개업을 했다. 그리고 첫 고객인 나셈빨 씨가 그를 만나러 들어왔다.

"얼마를 대출 받고 싶습니까?"

"1억을 대출 받고 싶습니다."

"좋습니다. 다음 2월 29일까지는 이자를 받지 않고 그 이후부터 이자를 받습니다."

"알겠습니다. 그럼 4년 동안만 빌리겠습니다."

이렇게 나셈빨 씨는 1억 원을 빌려갔다. 그리고 다음 해 3월 1일이 되자 이윤월 씨는 나셈빨 씨에게 1년이 지났으니 이번 달부터 이자를 내라고 했다. 하지만 나셈빨 씨는 2월 29일을 지난 적이 없으므로 이자를 낼 수 없다고 버텼다.

두 사람의 분쟁은 결국 이윤월 씨가 나셈빨 씨를 고소해서 지구법정에서 다루어지게 되었다.

보통 2월은 28일까지 입니다. 그런데 4년에 한 번은
2월 29일까지 있어 일 년이 366일이 됩니다.

윤년이 생기는 원리는 무엇일까요? 또 2월 29일은 어떤 규칙으로 돌아올까요? 지구법정에서 알아봅시다.

지구짱 판사

지치 변호사

어쓰 변호사

원고 측 변론하세요.

2월 29일은 4년에 한 번 돌아옵니다. 그러므로 2월 29일 없는 해는 2월 28일이 29일의 역할을 한다고 확대 해석할 수 있습니다. 그러므로 나셈빨 씨는 2005년 2월 28일이 지난 첫날인 3월 1일부터 이윤월 씨에게 이자를 지불할 의무가 있습니다. 우리가 통상적으로 2월 29일이 생일인 사람의 생일잔치는 2월 28일에 하게 됩니다. 그러므로 이 경우도 그런 식으로 정해져야 한다는 것이 본 변호사의 소견입니다.

피고 측 변론하세요.

공회전 박사를 증인으로 요청합니다.

빙글빙글 돌면서 증인이 등장했다.

증인은 '윤년'이라는 과학 책을 쓴 걸로 알고 있는데 사실입니까?

제 주요 연구분야가 바로 윤년에 대한 연구입니다.

윤년이 뭡니까?

보통은 2월에 28일까지만 있어 일 년이 365일이 되는

데, 어떤 해에는 2월에 29일까지 있어 일 년이 366일이 됩니다. 그런 해를 윤년이라고 합니다.

왜 불편하게 윤년을 끼워 넣는 거죠?

지구가 태양을 한 바퀴 도는 데 걸리는 시간(공전시간)을 일 년으로 정의해야 합니다. 그런데 그 시간이 정확하게 365일 5시간 48분 45초입니다. 그런데 일 년을 365일로 정하니까 매년 5시간 48분 45초가 차이가 납니다. 이런 식으로 계속 차이가 나면 한참 뒤에는 7월이 겨울이 되고 12월이 여름이 되는 일이 생기게 됩니다. 그럼 일 년 계획을 세우기가 불편해지죠. 그래서 4년마다 하루를 더 끼워 넣는 것입니다.

그래도 정확하게 안 맞지 않습니까?

그래서 400년마다 3번의 윤년을 생략하여 보정을 하고 있습니다.

그럼 윤년의 사용은 과학적인 근거가 있는 것이군요.

그렇습니다.

나셈빨 씨는 이윤월 씨에게 다음 2월 29일까지는 이자를 지불하지 않아도 된다고 계약을 했습니다. 다음 2월 29일은 4년 후이므로 나셈빨 씨는 4년 동안 이자를 지불할 필요가 없다는 것이 본 변호사의 주장입니다.

복잡한 문제이군요. 2월 29일이 4년에 한 번 돌아오는 것을 잠시 깜박한 이윤월 씨의 부주의가 불러온 사건입니다. 계약은 달력대로 하지만 지구가 태양주위를 한 바퀴 도는 데 시간은 매년 같습니다. 단지 사람들은 자연수로 일 년을 나타내기 위해 어쩔 수 없이 윤년이라는 방식을 도입했다고 봅니다. 그러므로 이번 사건 역시 이윤월 씨와 나셈빨 씨가 조금씩 양보하여 2년 동안만 이자를 지불하지 않는 것으로 판결합니다.

재판 후 두 사람은 화해했다. 그리고 나셈빨 씨는 2006년 3월 1일부터 이자를 지급했다.

곰보 달의 비밀

　달은 지구의 하나밖에 없는 위성입니다. 달에는 대기가 없고 중력도 지구의 6분의 1 정도로 작습니다.

　달의 흙은 아주 고운 모래입니다. 그 이유는 달에 분화구가 많아 우리 눈에 달이 곰보투성이로 보이는 이유와 같습니다.

　우주를 떠돌아다니는 바위조각들을 운석이라고 하는데 달이 운석들과 자주 충돌하여 여기저기 분화구(크레이터)가 생기고 바위들이 잘게 부서져서 고운 모래가 된 것이죠.

　그럼 왜 지구에는 운석이 별로 안 떨어지는데 달에는 많이 떨어지는 걸까요? 그 이유는 달에 대기가 없기 때문입니다.

　조금 더 쉽게 비유를 해 봅시다. 커다란 케이크를 준비하세요. 그리고 몇 장의 종이를 접어 작게 만들고 이것을 운석이라고 합시다. 이제 이 종이들을 케이크에 떨어뜨려 봅시다. 그럼 여기저기 케이크에 곰보 자국이 생기겠지요? 이것이 바로 운석들이 달에 많은 분화구를 만드는 이유입니다.

　이제 지구에 운석과의 충돌 분화구가 잘 안 생기는 이유를 알아봅시다. 다시 깨끗한 케이크를 준비합시다. 그리고 접은 종이들에 불을 붙여 케이크 위에 떨어뜨립시다. 활활 타 버린 종이들은 재가 되어 케이크 위에 떨어집니다.

재들은 너무 가벼워 케이크를 곰보로 만들지 않습니다. 이것이 바로 지구에 큰 운석과의 충돌 분화구가 거의 없는 이유입니다. 즉, 커다란 운석이 거대한 공기덩어리인 대기와 부딪치면 엄청난 열이 발생합니다. 이것을 대기권 마찰열이라고 하는데 이 열 때문에 운석들이 다 타 버리지요.

이때 타는 모습은 별처럼 반짝거리는데 이것을 별똥별 또는 유성이라고 합니다. 설령 운석이 지구로 떨어진다 해도 많은 부분

운석이 대기와 부딪치면 열이 발생하는데
이 열 때문에 운석들이 다 타버려 재가 됩니다.

들이 타버리기 때문에 아주 조그만 것이 떨어지게 됩니다. 그래서 지구에는 달처럼 거대한 분화구가 안 생기는 것이죠.

달에는 공기가 없으므로 바람도 불지 않습니다. 그러므로 발자국이 한번 생기면 영원히 사라지지 않습니다. 또한 달에는 공기가 없으므로 기압이 없습니다. 그러므로 기압차를 이용하여 콜라를 위로 빨아올리는 빨대는 달에서는 사용할 수 없습니다.

제10장

태양계에 관한 사건

수성과 금성 이야기_ 털 코트를 입은 금성
수성이 태양에서 제일 가까우니까 가장 뜨거운 행성일까요?

목성 이야기_ 뒤집어진 나침반
지구의 나침반은 목성에서 사용할 수 있을까요?

펄스 이야기_ 외계인을 사랑한 이티맨 씨
일정한 간격으로 신호가 온다면 그것은 외계인의 소리일까요?

털 코트를 입은 행성

수성이 태양에서 제일 가까우니까
가장 뜨거운 행성일까요?

**사건
속으로**

천문호 씨는 어릴 때부터 별이나 은하에 대한 책을 많이 읽
은 30대 중반의 회사원이다. 아버지를 닮아 그의 아들도 천
문학에 관심이 많았고, 두 사람은 천체망원경을 통해 수성
금성 화성 등을 바라보며 우주의 신비에 빠져들었다.

천문호 씨의 아들은 미래 과학자를 꿈꾸는 초등학생으로 모
든 과목을 두루 잘했지만, 그중에서도 과학 성적이 가장 좋
아 한 번도 과학 시험에서 100점을 놓친 적이 없었다. 그래
서인지 천문호 씨는 아들을 과학공화국 최초의 노벨상 수상

자로 만들고 싶어 했다.

어느 날 천문호 씨는 아들의 성적표를 보고 깜짝 놀랐다. 항상 100점을 받아 오던 과학 성적이 95점이었던 것이다. 천문호 씨는 아들을 불렀다.

"왜 한 문제를 틀린 거니?"

"태양계에서 가장 뜨거운 행성을 찾는 문제를 틀렸어요."

"그건 수성이지. 수성이 태양에서 가장 가까우니까 제일 뜨겁지."

"수성이라고 썼는데 틀렸어요."

"채점이 잘못되었군."

천문호 씨는 다음 날 아들의 학교로 찾아가 과학 선생을 만나서 따졌다. 하지만 과학 선생은 정답이 수성이 아니라 금성이라고 주장했다. 그리하여 이 사건은 결국 지구법정에서 다루게 되었다.

수성이 태양과 더 가까운데도 뜨겁기는 금성이 더 뜨겁습니다.
그것은 금성의 이산화탄소 때문입니다.

수성이 더 뜨거울까요? 아니면 금성이 더 뜨거울까요? 지구법정에서 알아봅시다.

 원고 측 변론하세요.

 뜨거운 불이 있다고 합시다. 그럼 그 불에 가까이 있는 사람하고 좀 더 멀리 있는 사람하고 누가 더 뜨거울까요? 당연히 가까이 있는 사람입니다. 수성은 태양계의 행성 중에서 태양에 제일 가까이 있는 행성입니다. 그리고 태양계에서 스스로 빛과 열을 내는 것은 태양뿐입니다. 그렇다면 당연히 수성이 제일 뜨겁겠죠. 그러므로 가장 뜨거운 행성을 금성이라고 우긴 과학 선생님의 자질이 의심스럽습니다.

피고 측 변론하세요.

내행성 연구소의 이탄소 박사를 증인으로 요청합니다.

얼굴이 검은 증인이 등장했다.

증인이 하는 일을 간단하게 설명해 주세요.

저는 내행성을 연구합니다.

내행성이 뭐죠?

지구보다 안쪽에 있는 행성입니다. 그러니까 수성과 금성이죠.

이번 사건에 대해 어떻게 생각하십니까?

제가 원고 측 변호사에게 질문이 하나 있는데요.

질문하세요.

좀 전에 불에 비유해서 수성이 더 뜨겁다고 말하셨죠.

그렇습니다.

이렇게 얘기해 보죠. 아주 추운 날 불가에 두 사람이 앉아 있어요. 불에서 가까운 곳에는 한 사람이 알몸으로 앉아 있고, 조금 먼 곳에는 또 다른 사람이 털 코트를 입고 앉아 있어요. 누구의 몸이 더 따뜻할까요?

그야 옷 입고 있는 사람이죠.

고맙습니다. 이렇게 불에서 멀리 떨어진 사람이 두터운 옷을 입고 있으면 알몸으로 불가에 있는 사람보다 온도가 높습니다.

금성이 옷이라도 입었다는 얘긴가요?

그렇습니다. 행성의 옷은 바로 대기입니다. 금성은 수성에 비해 아주 두터운 이산화탄소 대기를 가지고 있습니다. 이 대기는 사람의 옷처럼 사람의 열이 밖으로 빠져나가는 것을 막아 주죠. 그러니까 수성은 거의 알몸인 행성이고, 금성은 아주 두꺼운 옷을 입은 행성이기 때문에 금성이 수성보다 더 뜨겁습니다.

증인의 놀라운 비유에 감사드립니다. 우리가 가진 상

식에 의하면 태양으로부터 멀어질수록 차가운 행성이 될 것으로 생각했는데 대기라는 옷 때문에 그렇지 않은 결과가 생긴다는 것을 알았습니다. 그러므로 이번 사건은 문제의 답이 옳게 채점되었다는 것이 본 변호사의 주장입니다.

지구법정을 맡으면서 점점 몰랐던 사실들을 하나씩 알게 되어 너무나 즐겁습니다. 피고 측 증인의 말처럼 금성이 두터운 이산화탄소 대기 때문에 더 뜨거운 행성이라는 것은 명백하므로 이번 과학 문제의 답을 금성으로 정정할 것을 판결합니다.

천문호 씨는 재판 결과를 받아들였다. 그리고 그의 아들에게 더 깊게 과학을 공부할 수 있도록 과학 대백과 사전을 사 주었다. 이듬해 천문호 씨의 아들은 과학 올림피아드에서 금메달을 따는 쾌거를 이루었다.

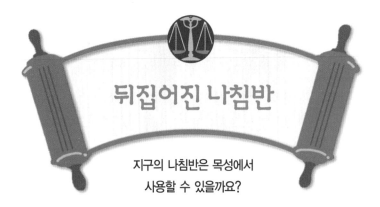

뒤집어진 나침반

지구의 나침반은 목성에서
사용할 수 있을까요?

**사건
속으로**

최근 과학공화국의 우주과학센터는 과거의 로켓보다 훨씬
빠른 로켓 개발에 성공했다. 이미 과학공화국은 달과 화성에
수차례 유인 우주선을 보내 달과 화성에 사람을 착륙시킨 적
이 있었다.

그런데 이번에 개발된 로켓은 과거 화성에 갔던 로켓보다 속
도가 네 배나 빨라 과학공화국에서는 목성의 북극 탐사를 위
해 유인 로켓을 발사하기로 하였다.

엄청나게 많은 지원자가 몰렸고 주피터 씨와 김목성 씨가 조

종사로 뽑혀 목성의 북극을 정복하기 위한 훈련을 받았다.

드디어 고된 훈련이 끝나고 두 사람이 탄 제우스호는 지구를 출발했다. 달을 돌아 화성을 거쳐 제우스호는 수많은 소행성을 거쳐 가게 되었다.

드디어 저 멀리 목성의 위성인 이오와 에우로파가 보이고 그 뒤로는 거대한 목성의 대기가 여러 빛깔로 보여 실로 장관을 이루었다. 드디어 제우스는 목성의 중력권 안으로 들어갔다. 제우스호가 진입한 곳은 목성의 적도 부분이었다.

목성은 주로 수소 기체로 이루어져 있어 표면은 사람이 걸어 다닐 수 있는 그런 곳은 아니었다. 그래서 제우스호는 목성 표면을 날아 목적지인 목성의 북극을 향하기로 했다.

주피터 씨는 준비해 온 나침반을 꺼냈다. 그리고 북극을 가리키는 방향으로 비행했다. 한참을 지나 목성의 북극에 도착했다. 주피터 씨는 북극 주변을 돌며 근거리 촬영을 하고 지구로 귀환했다.

귀환 후 우주과학센터에 출근한 주피터 씨는 본부로부터 해고통지서를 받았다. 주피터 씨와 김목성 씨는 본부장에게 달려갔다.

"임무를 성공했는데 우리가 왜 해고되는 거죠?"

"우리는 당신들에게 목성의 북극을 촬영해 오라고 했소. 하지만 전문가들의 말에 따르면 당신들이 촬영한 곳은 북극이 아니라 남극이라는 거요. 목성에서는 자기장이 지구와는 반대로 돌기 때문에 나침반이 가리키는 방향도 반대라고요."

"그럴 리가······."

주피터 씨와 김목성 씨는 자신들의 해고가 부당하다며 우주과학센터를 지구법정에 고소했다.

행성의 외핵에는 철과 니켈 같은 금속이 녹아 있어
금속의 전자들이 회전하면서 자기장이 생깁니다.

목성에서 지구 나침반이 N극이 가리키는 방향은 어디일까요? 지구법정에서 알아봅시다.

 원고 측 변론하세요.

 목성의 표면에 처음 간 사람은 주피터 씨와 김목성 씨입니다. 물론 지구에서 망원경으로 목성을 볼 수는 있지만 가까이에서 본 사람이 제일 정확할 테니까 주피터 씨가 나침반이 가리키는 북쪽으로 갔다면 그곳이 바로 목성의 북극이 틀림없습니다. 그러므로 우주과학센터의 두 사람에 대한 해고는 이유가 없다고 생각합니다.

피고 측 변론하세요.

지자기 연구소의 이자철 박사를 증인으로 요청합니다.

말끔하게 양복을 차려입은 증인이 등장했다.

 증인이 하는 일은 뭐죠?

 지구 속의 자석, 그리고 다른 행성의 자석을 연구하고 있습니다.

 지구 속에 자석이 있나요?

 물론 있습니다. 지구는 바깥에서부터 지각, 맨틀, 외핵, 내핵으로 이루어져 있는데, 외핵 부분은 바로 철이나 니켈이 녹아서 빙글빙글 돌고 있지요.

😎 그럼 액체 상태인가요?

🤓 그렇습니다. 이게 바로 지구 속의 액체 자석이죠.

🤓 왜 자석이 되죠?

🤓 철이나 니켈과 같은 금속 속에는 자유전자들이 많이 있지요. 전자들이 회전하면 원형의 전류가 생기는데 그럼 그 중심에 자기장이 생기게 됩니다.

😎 회전 방향에 따라 자기장의 방향이 다르겠군요.

🤓 물론입니다. 지구 속에 생긴 자석은 N극이 아래쪽을 S극이 위쪽을 가리킵니다.

😎 어랏. 이상하군요. 왜 나침반에서는 N극이 위쪽을 가리키죠?

🤓 그것은 지구의 북극 쪽에 있는 S극의 나침반이 N극을 잡아당기기 때문입니다. 자석은 같은 극끼리는 서로 밀치고 다른 극 끼리는 서로 잡아당기는 성질이 있습니다.

😎 그럼 이번 사건은 어떻게 된 겁니까?

🤓 목성 속에도 철과 니켈의 핵이 있습니다. 그런데 그 핵이 만드는 자기장의 방향이 지구와 반대이죠. 그러니까 목성 속에 있는 자석은 N극이 위쪽을, S극이 아래쪽을 가리킵니다. 그러니까 지구에서 사용한 나침반을 가지고 가면 나침반의 N극은 목성 자석의 S극 쪽으로 향하니까 결국 목성의 남

극을 가리키게 되죠.

그럼 주피터 씨가 목성의 남극을 촬영한 것이군요.

그렇습니다.

주피터 씨와 김목성 씨는 모든 행성 속의 자석이 같은 방향을 가리킬 거라고 단순하게 생각하였습니다. 목성 속의 자석의 방향이 지구 속의 자석의 방향과 반대라는 것은 많은 책에 소개되어 있는 내용입니다. 그러므로 지구를 떠날 때 목성에 대해 조금만 공부했더라도 북극과 남극을 혼동하는 일은 없었을 것입니다. 그러므로 잘못 임무를 수행한 김목성 씨와 주피터 씨의 해고는 정당하다고 생각합니다.

원고 측 변호사의 말처럼 김목성 씨와 주피터 씨가 임무를 잘못 수행한 것은 인정됩니다. 하지만 그것은 우주센터에서 임무를 부과하는 사람들에게도 책임이 있습니다. 그렇게 먼 거리를 가서 목성의 사진을 촬영해 오는 임무를 맡은 사람들에게 목성에 대한 모든 정보를 사전에 교육시킬 의무는 우주센터 측에 있다고 봅니다. 따라서 그 의무를 다하지 않은 우주센터에도 책임을 물어 김목성 씨와 주피터 씨의 해고를 당분간의 정직으로 선처할 것을 판결합니다.

재판 후 김목성 씨와 주피터 씨는 우주센터에서 정직으로 처리되었다. 그들은 정직기간 동안 태양계에 여러 행성에 대한 많은 공부를 했다. 그리고 몇 년 후 그들은 토성의 고리 탐사 로켓을 조종했다.

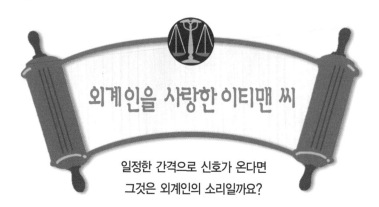

외계인을 사랑한 이티맨 씨

일정한 간격으로 신호가 온다면
그것은 외계인의 소리일까요?

| 사건 속으로 | 최근 과학공화국에서는 우주를 관측하는 아마추어 천문 동아리들이 많이 생겨났다. 그들은 돈을 모아 최고급 천체 망원경을 구입하여 다른 사람보다 먼저 새로운 관측을 하곤 했다.

이티맨 씨는 천문학이 좋아 결혼도 안 하고 밤만 되면 자신의 집 옥상에 설치된 여러 가지 관측장비로 우주를 관측하고 있었다. 특히 그는 외계인에 대해 아주 관심이 많아 외계인들과 대화를 나누고 싶어 했다.

최근 그는 UFO의 사진을 촬영했다고 해서 사람들의 관심을 끌었는데 나중에 그것이 UFO를 닮은 구름이라는 것이 밝혀져서 망신을 당한 적도 있었다.

그래서 그는 매일 밤 우주로 전파를 보냈다. 그가 보낸 전파는 모르스 부호로 되어 있어 일정시간 동안 신호가 있다가 다음 일정시간 동안은 신호가 없고 이런 식으로 주기적으로 반복되는 전파였다.

그는 이 전파를 우주의 모든 방향으로 보냈다. 그리고 누군가 외계 생명체가 있다면 이와 비슷한 방법으로 답신을 보낼 것이라고 생각했다. 그리고 그는 우주의 여러 방향에서 오는 전파를 수신하기 위해 여러 대의 수신기를 설치했다.

어느 날이었다. 그날도 신호가 없어 수신기 앞에서 깜박 졸고 있었던 이티맨 씨는 갑자기 깨어나 모니터를 보았다. 일정한 신호가 주기적으로 반복되는 모습이 보였다.

그는 이것이 자신이 보낸 신호에 대한 외계인의 리플이 틀림없다고 생각하고 자신이 최초의 외계인의 메시지를 받았다고 과학공화국 천문학회에 보고했다.

하지만 천문학회는 이티맨 씨의 주장을 받아들이지 않았다. 이에 화가 난 이티맨 씨는 천문학회를 지구법정에 고소했다.

우주에는 주기적으로 전파를 내는
펄스라는 천체가 있습니다.

일정한 간격으로 신호를 냈다가 안 냈다 하는 신호는 외계인의 목소리일까요? 지구법정에서 알아봅시다.

지구짱 판사

지치 변호사

어쓰 변호사

원고 측 변론하세요.

이티맨 씨는 일정시간 동안 신호가 오다가 다시 일정시간 동안 신호가 꺼지는 식으로 주기적으로 반복되는 신호를 우주로부터 수신했습니다. 예를 들어 인간보다 하등인 동물들은 모르스 부호를 이용하여 신호를 보낼 수 없습니다. 이것은 틀림없이 외계인들이 지구에 보낸 모르스 부호입니다. 그러므로 이티맨 씨가 외계인의 목소리를 들었다는 것은 사실이라고 생각합니다.

피고 측 변론하세요.

천문학회의 김펄스 씨를 증인으로 요청합니다.

얼굴이 동그란 증인이 등장했다.

증인이 하는 일은 뭐죠?

저는 천문학회에서 전파 천문학을 연구하고 있습니다.

증인이 이티맨 씨의 논문이 틀렸다고 주장했죠?

그렇습니다.

확실한 근거가 있습니까?

그렇습니다. 이티맨 씨의 모니터에 온 신호는 외계인의 메시지가 아닙니다.

그럼 어떻게 주기적으로 신호를 낼 수 있지요.

그것은 펄스라고 부르는 천체에서 나오는 전파입니다.

그게 뭐죠?

아주 빠르게 회전하는, 중력이 무지 큰 별입니다. 한 바퀴를 도는 데 몇 초밖에 안 걸리죠.

그런데 왜 펄스는 주기적으로 전파를 내죠.

등대를 생각해 보세요. 등대는 앞뒤로 불빛을 내면서 빙글빙글 돕니다. 그러니까 불빛이 가는 곳도 있고 어두운 곳도 있고 그렇죠.

그건 그렇지만 그게 이번 사건과 무슨 관계가 있죠?

등대가 아주 빨리 돈다면 밝은 부분과 어두운 부분이 아주 빠르게 교차되어 주위에 있는 사람은 밝아졌다 어두워졌다 하는 깜빡거림을 느끼게 될 것입니다. 마치 나이트에서 조명을 아주 빠른 시간 동안 켰다 껐다 할 때의 효과와 비슷하죠.

조금 이해가 가는군요.

펄스는 양극 방향으로 강한 전파를 내보냅니다. 그런데 워낙 빨리 돌다 보니 지구 쪽으로 그 전파가 잡혔다가 안 잡혔다 하는 일이 반복이 되지요. 그래서 그런 규칙적인 전파가 지구에 수신되는 것입니다.

이티맨 씨는 우주에서 오는 규칙적인 전파가 외계인이 보낸 메시지라고 성급하게 결정했습니다. 하지만 결론적으로 그것은 펄스라는 천체가 보낸 전파였습니다. 그러므로 이티맨 씨의 주장은 아무 근거가 없다고 생각합니다.

과학자는 많은 검증과 많은 분석을 한 후 자신의 연구 결과를 사람들에게 발표해야 합니다. 그렇지 않을 경우 사람들에게 잘못된 과학적인 정보를 줄 수 있기 때문입니다. 그런 면에서 이티맨 씨는 수신한 전파에 대한 검증과 분석이 충분하지 않았다고 생각됩니다. 그러므로 이티맨 씨의 이의에 대해 천문학회가 내린 결정은 정당하다고 판결합니다.

재판 후 이티맨 씨는 천문학회에 사과했다. 그리고 그는 많은 규칙적인 전파를 관측하여 우주에 있는 많은 펄스를 발견했다. 그리하여 천문학회는 그에게 펄스 관측에 대한 공로 메달을 수여했다.

태양에서 행성까지

태양에서 제일 가까운 행성은 수성이고 금성, 지구, 화성의 순
으로 9개의 행성이 태양 주위를 돌고 있습니다. 그럼 태양으로부
터 각 행성까지의 거리는 얼마나 될까요? 그것에 대한 규칙이 있
습니다.

우선 지구에서 태양까지의 거리는 150000000km입니다. 수에
0이 너무 많이 붙어 있군요. 그래서 태양계에서는 새로운 거리의
단위를 쓰면 편리합니다. 그래서 태양과 지구 사이의 거리가 1이
되는 새로운 거리 단위인 AU를 씁니다. AU는 Astronomic unit
(천문단위)의 앞 글자입니다. 그러므로 지구에서 태양까지의 거리
는 1AU가 됩니다.

이제 이 단위를 이용하여 태양으로부터 각 행성까지의 거리를
쉽게 알 수 있는 규칙을 소개하겠습니다. 다음 수열을 봅시다.

0을 빼고 3부터는 앞의 수에 2를 곱하면 다음 수가 나타납니다.

0, 3, 6, 12, 24, 48, 96, 192

이 숫자들에 모두 4씩 더해 봅시다.

4, 7, 10, 16, 28, 52, 100, 196

이 숫자들을 모두 10으로 나눕니다.

0.4, 0.7, 1, 1.6, 2.8, 5.2, 10, 19.6

이것이 바로 태양에서 각 행성까지의 거리들입니다. 이 성질을 처음 알아낸 사람은 천문학자 보데입니다. 그래서 이 법칙을 보데의 법칙이라고 부릅니다.

맨 처음 숫자부터 수성, 금성, 지구, 화성, 소행성대, 목성, 토성, 천왕성까지의 거리를 나타냅니다. 그리고 해왕성은 이 법칙을 따르지 않습니다.

태양으로부터 각 행성까지의 거리에 대한
수학적 규칙이 있습니다.

지구과학과 친해지세요

이 책을 쓰면서 좀 고민이 되었습니다. 과연 누구를 위해 이 책을 쓸 것인지 난감했거든요. 처음에는 대학생과 성인을 대상으로 쓰려고 했습니다. 그러다 생각을 바꾸었습니다. 지구과학과 관련된 생활 속의 사건이 초등학생과 중학생에게도 흥미 있을 거라는 생각에서였지요.

초등학생과 중학생은 앞으로 우리나라가 21세기 선진국으로 발전하기 위해 필요로 하는 과학 꿈나무들입니다. 우리가 살고 있는 지구는 기후 온난화 문제, 소행성 문제, 오존층 문제 등 많은 문제를 지니고 있습니다. 하지만 지금의 지구과학 교육은 논리보다는 단순히 기계적으로 공식을 외워 문제를 푸는 것이 성행하고 있습니다. 과연 우리나라에서 베게너 같은 위대한 지구과학자가 나올 수 있을까 하는 의문이 들 정도로 심각한 상황에 놓여 있습니다.

저는 부족하지만 생활 속의 지구과학을 학생 여러분들의 눈높이에 맞추고 싶었습니다. 지구과학은 먼 곳에 있는 것이 아니라 우리 주변에 있다는 것을 알리고 싶었습니다. 지구과학 공부는 우리 주변의 관찰에서 시작됩니다. 올바른 관찰은 지구의 문제를 정확하게 해결할 수 있도록 도와줄 수 있기 때문입니다.